ハヤブサ

その歴史・文化・生態

ヘレン・マクドナルド

宇丹貴代実 訳

白水社

ハヤブサ　その歴史・文化・生態

装丁・本文組　細野綾子

目次

二〇一六年版に寄せて

本書は、拙著『オはオオタカのオ』を読んでいなくとも楽しんでいただける。単体で完結しているからだ。だが、お読みくださったなら、見覚えのある記述や図版が登場するはずだ。本書中の一枚の写真でシロハヤブサを抱いているのが親友のエリン、父が亡くなった年の冬にメイン州の雪に覆われた芝生でクリスマスツリーを一緒に燃やしてくれた男性だ。ほかにも見かけたものに遭遇するだろうが、たとえばJ・A・ベイカー、T・H・ホワイト、ナチスのタカ、映画『カンタベリー物語』の冒頭シーンなどは、議論がより綿密になっていた。本書『ハヤブサ――その歴史・文化・生態』のほうは、数千年におよぶ鷹狩りと猛禽類の文化史についてはるかに深く掘りさげると同時に、解剖学、生理学、狩りの手法、飛翔の仕組み、種の保全活動の理念および実践について考察している。だが本質的には、『オはオオタカのオ』と同じく、わたしたち人間がいかに自然を鏡として用いるかに関して論じたものだ。また、動物との遭遇は必ず、ある程度まで自分自身および自己像との遭遇になることに関しても。これは無意識の罠で、わたし自身も、本書の執筆後ですら、オオタカの調教中に陥ってしまった。なんと目に見えず、強力な罠であることか。

本書『ハヤブサ』がどのようにして生まれたか、お話ししておこう。二〇〇〇年代はじめ、わたしはケンブリッジ大学で博士論文に取り組んでいた。だが書きあげられなかった。代わりに、この本を書いた。純粋な学究肌を自認していたので、われながら驚きだった。大学の学部も、住む街も、わたしは大好きだった。毎朝、並木通りを歩いて世界有数の図書館へ通い、アーモンドとヴァニラを思わせる埃っぽい古書の匂いに一日じゅう浸って、雑誌や書籍の山に囲まれながら心ゆくまで参考文献を調べたり論文や研究書についてメモをとったりするあいだ、ずらり並んだ机の真上、つまり北翼（ノースウイング）の屋根瓦の上でハトたちがおしゃべりをしているのも大好きだった。

　博士論文のテーマは、科学史。具体的に言うなら、自然誌（ナチュラルヒストリー）の歴史および、わたしたちがいかに自然界と関わっているか。また、わたしたちが科学とみなすものとみなさないものとの線をいかに引いているか。これらの線は、一般に思われているよりも曖昧だ。これらがいかに作られ、いかに保たれてきたかを調べると、科学の本質、知識に対するわたしたちの取り組み、さらにはわたしたち自身について、多くのことがわかってくる。物心つくころから猛禽類に心を奪われてきたので、わたしは彼らを取り巻く二十世紀の文化――すなわち猛禽類の保全活動、鷹狩り、愛好家による自然誌、野鳥観察――という文脈でこうした問いを調べることにした。博士論文のテーマにふさわしいと思ったのだ。たしかに、ふさわしかった。ところが、なんと、わたしが博士課程の学生にふさわしくなかった。

　論文執筆にかかわる調査の一環として、アイダホ州にある世界猛禽類センターの鷹狩りアーカイブズで数か月過ごした。そこには、中世の手書き書簡から現代の初版本、アザラシの毛皮（シールスキン）のパーカーからヘルマン・ゲーリングがかつて所有していたオオタカの剥製まで、ありとあらゆるものが所蔵されている。それらの収蔵物を、ケント・カーニー館長の親身なご助力をいただいてじっくり調べるうちに、発見した事物にどんどん魅せられていった。妄執や神話もあれば、遠い文化の断片や、失われて久しい生活様式のなかでしたためられた文書もあった。ほとんど宗教に近いまなざしで生物を見つめ、その虜となって一生を過ごした人々による作品だ。わたしのなかの歴史学者になりきれない部分が、論文にはそぐわないけれどすばらしいものが存在するではないかとささやきはじめ、わたしを悩ませた。それだけではない。学究の世界で遭遇したあざやかで示唆に富んだ理論や概念の多く、なぜわたしたち人間が自然界を現在のように見ているのかを理解させてくれたものたちの多くが一般に広く知られていないのは悲しい、という気持ちがどんどん強まったのだ。知られていないのも当然と言えば当然で、大半の人はこうしたことがらが書かれたり議論されたりする場に立ち入りを許されない。わたしには、偏りがありすぎると思えた。いまもそうだ。

ピサネロ『若きハヤブサ』1435年ごろ、水彩画。

こうした思いを抱えたままイギリスに戻ったところ、「リアクション動物シリーズ」の編集者であるジョナサン・バートと、大学図書館の喫茶室で話をする機会に恵まれた。そして、この本を書くよう勧められた。コーヒーとサンドイッチの軽食をとりながら、わたしは書きますと答えた。そして書いた。歴史家や文化論者だけでなく、すべての人を対象に。自宅で、図書館で、カフェで、電車で書いた。家族旅行先のイタリアでも書いて、湖畔のホテルの、トマトソースの染みがこびりついたぐらつくテーブルでタイプを打った。わたし自身が楽しんだ逸話や物語をこの本にすべて詰めこんだ――ハトを飛ばす活動をタカに脅かされたという理由で鷹匠を脅しニューヨーク市から追い出したマフィアの話、ストリップショーで大きな羽根扇を手に踊るファンダンサーやジェット機のパイロットや宇宙飛行士の逸話、近代の王族の外交的駆け引きなどなど――これらは博士論文にはそぐわない。だが、この本にはぴったりだ。そして事実や逸話、写真や絵図を織り交ぜながら、タカとわたしたちの関係というレンズを通して、この世におけるわたしたちの居場所のさまざまな側面を論じる――これは、じつにおもしろく心から夢中にさせられる作業だった。

シロハヤブサのガッシュ画。15世紀なかばのペルシアの絵画とカリグラフィーの全集より。

タカではなくハヤブサをとくに選んで書いたのは、『オはオオタカのオ』でも述べたとおり、わたしがこよなく愛し、こよなく親しんできた鳥だからだ。穏やかで圧倒的なまでに美しい、大空の捕食者たち。オオタカにはさほど似ていないが、それでも、この力強いが神経質なハイタカ属の鳥と文化史の多くを共有している。奇しくも、本書の刊行後に一羽のオオタカと出会ったことも、いま考えてみれば、わたしをオオタカのメイベルへと導いたさまざまな偶然のめぐりあわせの一部だった。

二〇〇六年秋、父が亡くなるほんの数か月前の、ウズベキスタンでのこと。わたしはフィールドワーク仲間たちとロシア製ジープでアンディジャン州のシルダリア川沿いを走っていた。この一帯では、川がポプラの森と灰色のふわふわしたギョリュウの木立にゆるやかな弧を描いている。テントを設営後、わたしは森のぎらつく陽光のなかをそぞろ歩いた。あたりはひっそりと静まりかえり、枯れ葉が絶え間なくぱらぱら落ちる音だけが聞こえていた。塩に覆われた泥をざくざくと踏みしめ、イナゴやしなやかな銀色のトカゲがちょろちょろする落葉層を越えていく。一キロ半かそこら進んだところで、開けた空き地に出て、上を見あげた。そのとき、一本の木にたたずむ男性が見えた気がした。とっさに脳が告げたのだ。長い外套をまとって体を少しばかり横に傾けた男の人だ、と。だが、よく見ると男の人ではなく、オオタカだった。このような瞬間は、じつに啓発的だ。わたしはそれまで、人間とタカの類似性について実際の形態という面から考えたことがあまりなかった。形の類似性こそ、長らく自分が学び、この本でも述べている、タカと人間の神話的なつながりの数々をもたらしたにちがいないのに。タカと人間の魂の奇妙で象徴的な結びつきについて自分が書いてきたあらゆることが、いまやちがう形の真実、書籍以外のもので形成された真実を持つように感じられた。木の上のタカをもう一度見あげたが、やはり男性に見える。なんて奇妙なんだろう。このオオタカは二五メートルほどの距離にいるのに、まばゆい陽光を背景に黒々として、顔の向きがこちらなのか川のほうなのかもわからない。その短い頭と、ヘビを思わせる首がぐんと伸びた。こちらを見ているのだ。わたしはできるかぎりそろそろと双眼鏡を目にあてて、ぎらぎらした光がまつげで少しでも遮れるようにと目を細めた。よし。姿をとらえた。照りつける陽光も悪くはない。おかげで、タカの輪郭がくっきりと見える。光はひどくまばゆかった。だが、胸の羽毛のかすかな横縞も見えた。オスのオオタカの成鳥だ、ただしイギリスのものとはかなり異なる。黒々とした頭に、裾広がりの白っぽい眉、胸の縞はみっしりと詰まってヨーロッパのオオタカの太い破線にはほど遠い。間隔の狭い横線を濃灰色の太いフェルトペンで——定規を使って——ノートに一本一本引いたところを想像してほしい。強烈な光越しに、正面を向いた姿はそんなふうに見えた。葉のない枝にとまって、こいつはいったい何物なのか、どう対処すればいいのかと、タカは考えている。そしておもむろに、外套をはおるみたいに翼を広げたかと思うと、じつに悠揚と飛びたった。片方の長い脚とゆるやかに握った指をうしろに垂らしながら。なんて翼が長いのだろうと、わたしは驚いた。それから、長い尾をべつにすれば、大型のハヤブサに酷似していることにも。イギリスのオオタカとはずいぶん形がちがう。渡りのタカで、山々からおりてきて、平原を越え、この地をわが家に定めたのだ。

わたしたち人間は自分の求めるものを映す鏡として自然を用いるのだという直感的な真実を、わたしはメイベルと過ごしたあの暗い年にようやく、ただ〝知っている〟のではなく〝理解する〟ようになった。とはいえ、ウズベキスタンであのオオタカを目にしたことが、わたしの教育の始まり、何かを知識として知ることと心の底で深く感じることのちがいを理解した始まりだった。あの渡りのオオタカと、その姿を鳥ではなく人に見まちがえたあの一瞬——いま思えば、あれもやはり、父の死後にわたしがオオタカに執着した理由のひとつだったのだろうか。また、この本を書いた当時メイベルがいたとしたら、はたして、これほど長く真剣に猛禽の意味を考えただろうか。

本書のページを舞うハヤブサたちは、人間の文化にも、彼ら自身の生態や行動にも光を当ててくれている。タカやハヤブサを含めた野生生物にわたしたちが与えた意味、いまも与えつづけている意味の背景にあるものを理解しようと努めるのはきわめて重要なことだ、という見解をわたしは強く支持する。理解しようと努める過程で、わたしたちは人間の精神や文化や社会史、自然誌、芸術、科学の複雑な作用を学べるのだから。だが何よりも、ほかの理由から、わたしたちが自然界をどんなふうに見てどう触れあっているのかをじっくりと真剣に問うことが、いままで以上に必要不可欠になっている。わたしたちは六度めの大絶滅の時代を生きているが、この大絶滅は、生息地の消滅、気候変動、殺虫剤や除草剤による生態系の化学汚染、都市化や農地開発を介して、ひとえにわたしたちが引き起こしたものだ。わたしたちが大地や生物をどのように見て、なぜそう見ているのか、どのように重んじ、なぜ守るべきだと考えるのか、といった問いをつなぎあわせなくてはならない——これらの問いは、ただの学問的関心をはるかに超える重要性を持つ。そしてその答えが、いかに世界を救うかに直結する問いでもある。

はじめに

一九九八年に、ケン・フランクリンがフライトフルという名の雌のペレグリンハヤブサ〔*Falco peregrinus* 日本で一般的に〝ハヤブサ〟と呼ばれている種。本書では、属の名称としての〝ハヤブサ（Falco）〟と混同を避けるため、原則的にこう表記する〕を調教し、高度四九〇〇メートルの航空機からスピードスーツ姿で自由落下中のスカイダイバーを追いかけさせた。一連のスカイダイブにおいて、高感度フィルムの録画映像が、本領を発揮したハヤブサが叉骨（さこつ）のあいだに頭を沈め、足を羽毛の下にたたんで、みごとなまでに空気力学的な雨粒の形に姿を変えたさまをとらえている。時速一六〇キロ超の速さでは、体や翼の形状をごくわずかに変化させるだけですさまじく大きな影響がある。フランクリンがのちに描写したとおり、フライトフルはまるで収縮包装（シュリンクパック）され、ミイラになったかのようだ。そしてこれ以上のスピードで落下するのは不可能に思えた瞬間に、また形を変える。片方の肩を鋭く前に突き出し、抵抗する空気の分子を切り進み、驚くカメラマンから急降下で離れて、時速三二〇キロ超の速さで天空をまっぷたつに切り裂く。

ハヤブサは史上最速の動物だ。わたしたちをわくわくさせ、ほかの鳥たちを超越し、危険で鋭くて自然な崇高さを発散させているように見える。もちろん、これらはすべて、当のハヤブサにはどうでもいいことだ——わたしたちが抱く概念なのだから。実在する生きた動物ではあるが、わたしたちがハヤブサを見るときには必ず、人類学者のフランツ・ボアズが文化メガネ（クルトゥールブリレ）と表現したもの、すなわち、世界を見るにあたって自身の属する文化から与えられた目に見えない心のレンズを、通すことになる。ハヤブサとの遭遇はどれも、わたしたち自身との遭遇という側面がかなり大きい——そのハヤブサが実在か想像上のものかに関わりはないし、双眼鏡を通して見たのであろうが、美術館の壁で額縁に囲まれていようが、詩人に詠まれたのであろうが、鷹狩りで飛んでいようが、マンハッタンの窓越しに目にしようが、旗に刺繍されていようが、記章に刻印されていようが、はたまた、放棄された北極圏のレーダー基地上空の雲を抜けて羽ばたいていようが、変わりはない。

　動物たちは、人間がさまざまな意味づけをしやすい対象なので、およそ人間による表現の範疇にしか存在しないものと考える現代の評論家もいる。だが、ハヤブサはけっして、象徴的な意味を託された架空の存在ではない。彼らは生きて、繁殖し、飛翔し、狩りをし、呼吸している。ハトたちはハヤブサについて、人間に意味を付与された空虚な記号表現にすぎないなどと幻想を抱いてはいない。そして生きた動物である以上、本物のハヤブサは、人間に付与された意味を制限し、損ない、ときには撥ねのける。

　枯れ木や岩の露頭に寡黙にたたずむハヤブサの、肩幅の広い精悍な姿は、見まちがえようのない、人を惹きつける形態（ゲシュタルト）であり、ひとたび飛びたつや、いとも力強くやすやすと宙を舞って多感な観察者に奇妙な影響をおよぼす。一九五〇年代のネイチャーライター、W・ケネス・リッチモンドは、ハヤブサの前では「われわれは下級の存在であるという事実を認めたほうがよい……恐怖と美、冷たい

“紺碧の世界とつながる”：ペレグリンハヤブサとスカイダイバー

銀と熱い血が彼らのなかで融合し、自然界の貴族を生み出した」と正直な心情を漏らし、弁解がましく「少なくとも、わたしの目にはつねにそう映るのだ」とつけ加えている。[1] ハヤブサ鑑賞（ウオッチング）には中毒性がありそうだが、その魅力は神の召命をはるかに超えうる。作家のスティーヴン・ボディオの知人男性は、エホバの証人の信者が訪ねてきたとき、調教された自分のハヤブサを見せて「これこそが、ぼくの崇拝するものだ」と誇らしげに言ったという。[2] こうした思いがけない宗教性が、J・A・ベイカーの『ハヤブサ（*The Peregrine*）』で頂点に達する。この自然誌の古典作品は、イースト・アングリアの冬を舞台に野生のペレグリンハヤブサを異常なまでに追いつづける男の手記だ。アウグスティヌスの『告白』の生態学版、現代の聖杯探しとも言えるもので、本質的に、恩寵を求める魂の旅日誌、神を探す男の日記となっている。その文章は挿話的、修辞的で、ベイカーは来る日も来る日もハヤブサを探しまわり、ど

シロハヤブサ。数千年のあいだ、ハヤブサのなかでも最も崇められ、求められてきた。この雌の個体は、グリーンランドの海岸で渡りの研究の一貫として捕まえられたのち、フィールド生物学者のエリン・ゴットによってまさに放たれようとしている。

の目撃話にも個人的な思い入れをたっぷり込めている。彼はハヤブサのいた痕跡をたどる――狩りの跡とか、数枚の羽とか。少しでも近くへ寄れるようにと、しかるべき服装、しかるべき作法やふるまいを模索し、その過程で不自由や苦難を強いられる。あたりの風景を、もっぱらハヤブサの力を介して生気を得るもの、鳥の群れを空に出現させて寂然たる地面から生命を生じるものとして描く。そして謙虚さを身につける――こういったことが綴られて、日々の原野歩きで見かけるハヤブサたちに警戒されないありふれた存在と化し、互いの活動の場である大地の一部として彼らに信頼してもらいたい、と願う男の日誌になるわけだ。そしてついに、本の終わりで、夜とともにひらめきが訪れる。ベイカーはふいに、海岸でペレグリンハヤブサを見つけられるはずだと確信する――抑えがたい内なる呼び声に突き動かされ、宵闇に包まれた荒野を抜けて探索に出る。そしてハヤブサを見つける。そろそろと近づき、ついにすぐ前に立つ。それはイバラの茂みにとまっている。彼の存在を受け入れて、目を閉じ、また眠りに戻る。こうして、ベイカーの願いはかなえられるのだ。

これほどの感情を掻きたてるこの動物は、いったい何ものなのだろう？　第一章ではハヤブサの生物学的、生態学的な側面を述べ、残りの章で、結局のところただの鳥にすぎないものに、興味深くも強烈な反応を人々が示すさまを探究していく。

ハヤブサ科（Falconidae）に属する六〇あまりの種は、見かけはタカやワシなどほかの昼行性の猛禽に似ているが、おそらく分類学上の関係はさほど近くない。近年の遺伝子調査で、むしろオウムに近いことが示唆されている。形態や習性はじつにさまざまだ。死肉をあさり騒々しくてハゲワシに習性が似たカラカラから、めったにお目にかかれない熱帯地方のモリハヤブサまで、すべての種に共通の特徴、たとえば鼻孔内の骨の突起や特有の換羽パターンがあり、それによってハヤブサ科の鳥だとわかる。分類学上このハヤブサ科の下位に収まるのが、〝本物のハヤブサ〟ことハヤブサ属（*Falco*）だ。これらの種が進化したのはわりあい最近で、たぶん七百万から八百万年前、気候変動により森が切り開かれてサバンナやステップの草原地域があらたに数百万ヘクタール登場したときだと考えられている。土地が開けた恩恵を享受しようとして、急速で爆発的な種の放散が起こったのだ。

ハヤブサ属は四つの系統に分類されることが多い。おもに昆虫を餌にするチゴハヤブサ、鳥を狩る小柄なコチョウゲンボウ、チョウゲンボウ、そしてまさに本書のテーマである大型のハヤブサの四系統だ。最後の系統はさらに、ペレグリンハヤブサと砂漠のハヤブサの、ふたつの群に分かれる。どちらも高速で飛び、目が黒っぽく、開けた空中で活発に狩りを行なう。ペレグリンハヤブサはもっぱら

飛翔する若いペレグリンハヤブサ。先のとがった長い翼と頬の黒い模様は、まさにハヤブサ属の典型だ。

鳥を狙うのに対し、砂漠のハヤブサは哺乳動物や爬虫類、昆虫も獲物にする。鳥を狩る猛禽の多くと同じく、どちらも性的二形で、雌のほうが雄よりもかなり大きい。進化生態学者は長年その理由を解き明かそうとしてきた。たぶん、雌が、自分自身や雛にとって脅威になりにくいという理由で小柄な雄を好んだのだろう。あるいは、繁殖に最適な縄張りを持つ雄をめぐって雌が激しい争いをくり広げた結果、自然選択により大柄な雌が残ったのか。このほかに、性的二形のおかげで幅広い種類の獲物を狙えるようになった——雄がおもに小型のすばしっこい鳥を捕まえ、雌は敏捷さに劣る大型の鳥を捕まえる——と論じる説もあるが、この説では、両者のうちなぜ雄ではなく雌が大きくなったのか説明がつかない。鷹狩り用語で雄のハヤブサを指す〝ティアセル(tiercel)〟という単語は、三分の一を意味するラテン語のtertiusから派生した古フランス語、terçuelがもとになっている。雄は一般的に、雌よりも体が三分の一ほど小さいのだ。

　西洋の科学では、この大型のハヤブサ群にだいたい一〇の種が属するとされるが、それぞれがどんな関係にあるのか、特殊な型を独立した種とみなすべきか亜種またはほかの種の変種ととらえるべきなのかは、科学的に解決されていない難問だ。そのうえ、一部の種を飼育下繁殖させた交雑種(ハイブリッド)、たとえばシロハヤブサとセーカーハヤブサ〔別名ワキスジハヤブサ〕の交雑種が完全な繁殖力を持つことがわかり、いっそう混乱が増している。種の正確な定義について気を揉むことになんの意味があるのか、と問う人がいるかもしれない。なにしろ、ハヤブサはわたしたちがその分類に頭を悩ましはじめる数百万年前から存在しているのだから。だが、分類学上の定義には現実的な意味がある。種の保全のためには、保全しようとする対象について揺るぎない定義が必要だ。種にせよ、べつの分類単位にせよ、きっちりと定義されなくてはならない。ハヤブサの個体群の多くは、棲息地の消滅やじかの迫害によって絶滅の危機にさらされているが、これらの個体群の型はもしかしたら、西洋分類学の〝網の目からこぼれ落ちた〟ものかもしれない。たとえば、科学的な分類と民俗学的な分類が一致しないせいで明らかな問題が生じている種、セーカーハヤブサがそうだ。西洋の科学は、セーカーの亜種を二種から五種ほど認めている。アラブの鷹匠はこれに対し、大きさ、色、形態をもとにした複雑な分類法を用いる。アシュガル（白っぽいもの）、アフダル（緑がかったもの）、ジャルーディ（横縞のもの）、フッル・シャーミー（赤っぽいもの）など枚挙にいとまがない。ソヴィエト連邦崩壊後のロシアでは、アラブのハヤブサ市場でとくに人気が高い色のものが不法に密輸され、科学的には西洋の保全対象からはずれるせいで法的な保護を得にくい個体群に、途方もない圧力がかかっている。

ペレグリンハヤブサ

W・ケネス・リッチモンドによると、ペレグリンハヤブサは「完璧な均整と優美な顔立ちを持ち、

ペレグリンハヤブサの成鳥の写真。この野生の雌は、カナダのトロントでオフィスの窓をのぞきこんでいる。

果敢にして知的で、空中ではみごとな飛行ぶりを、狩りでは無類の殺傷力を誇る——すべてを併せもち、自然界の貴族階級」の鳥だ。[1] こう表現されると、鳥ではなくジョン・バカンの小説の主人公か、はたまた第二次世界大戦中の撃墜王かと思えてくるが、ハヤブサを大げさなまでに気高く表現する手法は、連綿と受け継がれてきた伝統だ。イランとアラブ世界では、ペレグリンハヤブサは現代ペルシア語の〝王〟を意味するシャーヒーンと呼ばれている。カスティーリャ王国の宰相にして中世スペインの鷹狩りの権威だったペロ・ロペス・デ・アジャラは、この鳥を「何よりも気高い至上の猛禽、狩りを行なう鳥の君主にして皇子である」と考えていた。[2] 七百年後、アメリカ人鳥類学者のディーン・アマドンが、奇妙にも環境適応度の概念と手放しの賞賛を融合させて、この鳥をハヤブサの極致と呼び、ゆえにハヤブサ属のなかでも最高の進化を遂げているはずだと考えた。〝ペレグリン（*peregrine*）〟という名称は、〝放浪者〟を意味するラテン語のペレグリヌス（*peregrinus*）に由来する。仮に、地政学者の見地に立って、領土の広さで成功の度合いを測るとしたら、*Falco peregrinus* つまりペレグリンハヤブサは現存するなかで最も成功を収めた鳥になるだろう。なにしろ、南極大陸とアイスランドおよび、いくつかの大洋島をのぞくと、すべての大陸においてじつにさまざまな形のものが見つかっているのだ。色も、淡色で胴部が白いチリの亜種ペレグリン（*F. p. cassini*）から、黒っぽいマダガスカルの亜種ペレグリン（*F. p. radama*）まで多種多様に存在する。湿気の多い熱帯地方のペレグリンハヤブサは、乾燥地域や北方地域の個体より色が濃くて鮮やかな傾向がある。砂漠のペレグリンハヤブサの代表例は、北アフリカに棲む小柄で肩幅が広い青色と錆色のバーバリーハヤブサ（*F. pelegrinoides*）、イランとアフガニスタンの山間部に棲息する首のうしろが赤いシャーヒーン（*F. p. babylonicus*）だ。イランでは、この鳥はシャーヒーネ・クーヒー、山のシャーヒーンと呼ばれる。いっぽう、シャーヒーネ・バフリー、つまり海のシャーヒーンは、渡りをする北極地方のペレグリンで、イランの海岸で冬を越す。

砂漠のハヤブサ

最大にしておそらく最も威厳のあるハヤブサは、羽のやわらかいハヤブサ属の下位群で、一般的に乾燥地域に棲息することから俗に砂漠のハヤブサと呼ばれている。なかでもシロハヤブサ（*Falco rusticolus*）はがっしりした大柄な鳥であり、雌は小柄なワシほどの大きさになる。棲息地の北極および亜北極は獲物が乏しく、水も一年のうち大半は氷に閉じこめられている。こうした苛酷な棲息条件にうまく適応し、全身の羽がふさふさと密生して、胸の下部は座ったときに足を完全に覆えるほどだ。新鮮な雪解け水で水浴びを楽しむ。もっぱらライチョウ、タビネズミ、ホッキョクウサギを狩るが、

コハクチョウを襲う、白色（淡色型）のシロハヤブサ。明時代の殷偕による絹絵巻。

魚も食べるし、凍った死骸もあさる。

シロハヤブサには、おおむね出身地域と相関関係がある数多くの色相が存在する。北米亜寒帯に棲息する *Falco obsoletus* は、かなり黒みがかっている。灰色や銀色の型もこの分布域全土で見られる。グリーンランド北部およびカムチャッカ半島には、肩と翼に黒い横縞が入ったみごとな白色の *Falco candicans* がいる。背中の模様がペン先の形に見えたことから、この鳥は十七世紀のスペインでレトラド（弁護士）と呼ばれた。シロハヤブサはその大きさと美しさゆえに、どの鷹狩り文化においても超一級とみなされてきた。中世ヨーロッパでは、アカトビ（*Milvus milvus*）やクロヅル（*Grus grus*）といった大型の獲物を空中で狩るさいにとくに珍重された。

今日でも、シロハヤブサは、各国政府や石油会社からペルシア湾岸諸国の首長にときおり贈られているが、十一世紀から十八世紀にかけては外交の贈り物として何よりも価値が高かった。一二三六年、イングランドのエドワード一世はノルウェーから灰色〔いわゆる中間型〕のシロハヤブサを八羽、白色〔いわゆる淡色型〕のシロハヤブサを三羽受け取った。すぐさまカスティーリャの王に灰色の個体を四羽贈ると同時に、白色のものについては先ごろ自分が九羽失ったばかりなので届けられなくて申しわけないと謝罪している。シロハヤブサは外交交渉でもしばしば用いられた。フランスのシャルル六世は、一三九六年のニコポリスの戦いのあとでブシコー元帥とラ・トレモワイユ元帥の身代金としてノルウェーのシロハヤブサをオスマン帝国のバヤジト一世に贈っているし、ブルゴーニュ公は捕虜になった息子のヌヴェール公を解放してもらうために白色のシロハヤブサを一二羽トルコに届けた。一九三〇年代に、ヘルマン・ゲーリングはドイツ・アルプスに白色のシロハヤブサを放つ計画を立てた。この最大にして最強のハヤブサの祖先はドイツ生まれにちがいない、と彼は確信していたのだ。

灰色（中間型）のシロハヤブサの尾羽。

こうしたイデオロギー的な生物導入の推進には、控えめに言っても不快感を覚えるし、ゲーリング所有の白色のシロハヤブサが山の陽光を浴びているさまを描いたレンツ・ヴァラーの絵は、ナチス党員の肖像画の芸術手法におぞましいまでに忠実だ。

ヘルマン・ゲーリングの白色のシロハヤブサ。鷹匠にして画家のレンツ・ヴァラーによる油絵。

セーカーハヤブサ。アラブの鷹狩りで伝統的に用いられてきた種。

もうひとつの砂漠のハヤブサ、セーカーハヤブサ（*Falco cherrug*）は、アラブの鷹狩りで伝統的に用いられてきた。秋にアラビア半島を横断してアフリカ東部の越冬地へ渡る途中で捕らえられ、ベドウィン族の鷹匠からは単にサクル、すなわち〝ハヤブサ〟と呼ばれていた鳥だ。セーカーハヤブサは東欧からアジアにかけてのステップ地帯や開けた森林地に営巣する。シロハヤブサと同じくさまざまな型が存在し、西部低地では背中に模様がなく茶色だが、東部の高地では体が大きくなり、色が赤茶けて横縞が現れる。とはいえ、この連続変異（クライン）的な分布は大まかな傾向にすぎない。セーカーハヤブサの個体群は、斑点または横縞があるもの、茶色、灰色、赤みがかったオレンジ、ほぼ真っ黒、陽光にさらされて白っぽく色褪せたものと多種多様だ。アルタイハヤブサ（*Falco altaicus*）はロシアのアルタイ地方に棲む暗灰色をした種で、モンゴル地方ではトゥルルと呼ばれる。インドとパキスタンでの、砂漠のハヤブサの代表格はラガーハヤブサ（*falco jugger*）で、茶色とクリーム色のやわらかい羽毛を持ち、

ジョセフ・ウルフによる、ラナーハヤブサを描いた19世紀のリトグラフ。前面に成鳥が、その背後に幼鳥(ウズラを食べている)がいる。

トカゲのほかに鳥類や小型の哺乳動物も狩る。アフリカと南欧の乾燥および半乾燥気候の地域でこれに相当するのは、青灰色と鮭色をしたラナーハヤブサ(*Falco biarmicus*)だ。もっぱら鳥を狩り、しばしば砂漠の鳥を水場で待ち伏せし、鷹匠のあいだでは愛嬌のある性格がよく知られている。十六世紀の鷹匠、エドマンド・バートは、みずから調教したオオタカが「ラナーハヤブサのように愛想がよく人懐こい」と自慢している。[3] 逆に、北米プレーリーのソウゲンハヤブサ(*Falco mexicanus*)は、鷹狩り界では札つきの不平家であり、気むずかしい気性で知られる。アメリカ西部の草原および砂漠に棲息し、見かけがセーカーハヤブサに似ていて、従来は砂漠のハヤブサに分類されてきたが、最近の遺伝子研究でペレグリンハヤブサに近いことがわかった。

南洋州(オーストラレーシア)〔オーストラリアおよびその周辺の諸島〕には、クロハヤブサ(*Falco subniger*)やハイイロハヤブサ(*Falco hypoleucos*)など、砂漠のハヤブサ

ニュージーランド南島のニュージーランドハヤブサ。この国唯一の在来種のハヤブサだが、棲息地が破壊されたうえに、外来のフクロギツネが巣を襲うせいで、絶滅の危機にある。

にもペレグリンハヤブサにも分類しにくい大型のハヤブサが数多く棲息する。また、他地域ではタカやノスリが占める生態的地位（ニッチ）を活かせるよう進化したハヤブサの種も存在し、その筆頭が、タカに似たニュージーランドハヤブサ（*Falco novaeseelandiae*）だ。ほかの大型のハヤブサ数種もそうだが、これらは本書では登場回数が少ない。棲息地での人間社会との関わりが嘆かわしいほど文書化されていないか、そもそも人類とあまり接触がないという理由で、前述の種よりも文化史が乏しいからだ。たとえば、色彩豊かで足が大きいアカハラハヤブサ（*Falco deiroleucus*）は謎の多い種だが、その要因のひとつには、南米の人里離れた森林に棲息するせいで生物学者たちがなかなか見つけられないことが挙げられる。

ハヤブサであるということは、どういうことか

他人の生活世界を理解しうるという主張は、哲学的に疑わしい。動物が相手の場合、ばかげてさえいる――が、まぎれもなく興味をそそられる試みだ。わたしたちは常識にもとづく擬人化により、ハヤブサが体験する世界は知覚がもっと鋭いだけで、おそらく自分たちのものに似ているはずだと考えてしまう。だが、入手できる証拠から推測すると、どうやらハヤブサの知覚世界は、コウモリやマルハナバチのそれと同じくらいわたしたちのものとは異なるようだ。感覚系と神経系の働きが高速なおかげで、反応がきわめて速い。彼らの世界は人間のそれの約一〇倍の速さで動くので、わたしたちがおぼろにしか知覚できない時間のできごと、たとえば目の前をすばやく飛び去るトンボなども、はるかに遅く見える。わたしたちの脳は一秒につき二〇を超える事象を処理できない――ハヤブサのほうは七〇から八〇の事象が見える。テレビ画面に毎秒二五枚映される像を、彼らは動画として認識できない。一瞬のあいだに、わたしたちよりもたくさんのものをまとめて見られるおかげで、全速力で足を伸ばして空中の鳥やトンボをつかむことができる。

何かの物体に目を留めると、ハヤブサは頭を数回上下させる特有の動作を行なう。そうやって物体を三角測量し、運動視差を利用して距離を確認する。彼らの視力のよさは驚異的だ。チョウゲンボウは一八メートル離れたところから体長二ミリの虫を判別できる。なぜ、これが可能なのか。ひとつには、目の大きさがある。なにしろ、巨大すぎて左右の眼球の背面が頭蓋の中央で互いにめりこみかけているくらいだ。影の発生や光の分散を防ぐために、網膜には血管がない。代わりに、ひだ状に突起した櫛膜と呼ばれる組織が網膜細胞へ栄養を供給する。ハヤブサの視細胞、すなわち桿体（かんたい）細胞と錐体（すいたい）細胞は、わたしたちのものよりもはるかに密集している。色に反応する錐体細胞はとくにそうだ。人間の場合、網膜の最も感度が高い部分、つまり中心窩におよそ三万個の錐体細胞があるのに対し、猛禽類ではおよそ一〇〇万個が存在する。そのうえ、光受容細胞がそれぞれ個別に脳に信号を送る。これら錐体細胞にかかわりが深いのが、色つきの油滴で、役割としては明暗差（コントラスト）を強めて透過率をあげるか、錐体細胞を紫外線から守るものと考えられている。人間には中心窩がひとつしかないが、ハヤブサにはふたつある――したがって、ひとつの物体につきふたつの像が中心窩に結ばれ、おそらく脳内で融合されて本物の立体像を生み出しているのだろう。さらに言うなら、このふたつの中心窩のあいだに、感度が強い水平の縞、いわば〝こすって伸ばした中心窩〟のようなものがある。おかげで、ハヤブサは頭を動かさずとも水平方向に目を走らせることが可能だ。だが、ハヤブサは人間よりもはっきり物体を見るだけでなく、ちがう形で見ている。彼らは偏光が見えるとされ、これは曇り空を飛行するさいに役立つ。また、紫外線も見える。要するに、ハヤブサはがらりと異なる現象界を持っているのだ。人間には三種類の光受容体――赤、緑、青――がある。わたしたちが目にするものはどれも、これら三つの色で構成される。ハヤブサの場合は、ほかの鳥類と同じく四種類だ。わたしたちの色覚は三色型なのに対し、彼らのものは四色型になる。こうした世界を理解するのはむずかしい。鳥類の視覚分野の研究者、アンディ・ベネット博士は、人間と鳥類の視覚のちがいは白黒テレビとカラーテレビのちがいに相当するものと考える。機能面だけから言うなら、ハヤブサは、完全武装され完璧に設計された機体に取りつけられたひと組の目、ということになる。

嘴（くちばし）はおそろしく力が強い。ハヤブサに嚙まれた人ならだれでも、この点に激しく同意するだろう。上嘴の鋭い突起は、下嘴のくぼみにぴたりとはまる。この嘴縁突起（しえんとっき）は、獲物の頸椎を切断するために

ジョセフ・ウルフによる、ペレグリンハヤブサの形態図。嘴の嘴縁突起に注目してほしい。これで獲物の首をへし折る。

用いられ、効率よくとどめを刺す手段として、地上で格闘して羽を傷めるのを防ぐ。嘴の寸法は種や性別によって異なる。南方のペレグリンハヤブサは北方の個体よりも大きめの嘴を持つ。かつては、オウムなど手強い獲物を殺すための適応だと考えられていたが、現時点では、こうした傾斜的な変異の要因ははっきりしていない。とはいえ、足の形と獲物の種類には強い相関関係がある。ペレグリンハヤブサやラナーハヤブサをはじめ、鳥を狩る種は、猛スピードで獲物を襲う衝撃に耐えうるよう脚が比較的短くなっている。代わりに、足指が長くて薄い。各指の裏にはいぼ状の肉趾があり、足指を握り締めると鉤爪の湾曲にぴったり合って、羽毛に覆われた獲物でもしっかりつかむことができる。セーカーハヤブサとシロハヤブサは比較的厚くて短い足指と長い脚を持つが、これは雪中や草むらまたはステップの低木林で哺乳動物を捕まえるのに向いている。足指には腱の〝歯止め〟機構があり、いったん足を握り締めたあとは筋肉に力を入れなくても閉じたまま保てる。獲物を運んで飛んだり、強風時に枝の上で眠ったりするにはじつに有益な戦略だ。休息中、ハヤブサはつねに

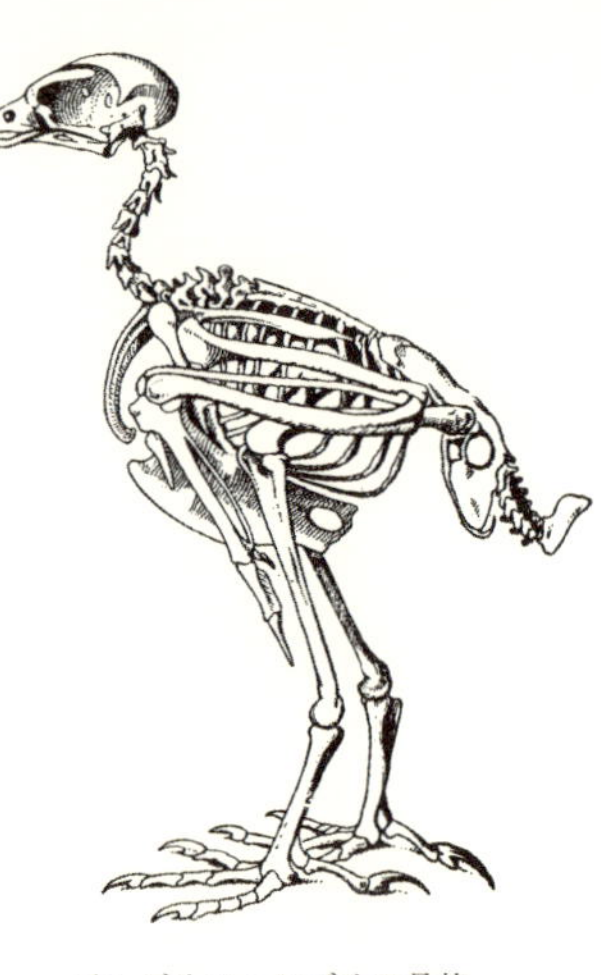

ペレグリンハヤブサの骨格。

片足をあげて羽のなかにしまいこむ。おかげで片足が見えないことが多い。鷹狩りセンターを訪れる観光客はよく、なぜ片足だけのハヤブサがこんなにたくさんいるのかとスタッフに尋ねるそうだ。

　骨格は軽く強靱で、飛行にきわめて適応した構造だ。骨の一部は融合し、主要な骨は空洞となって空気を含み、骨の筋交いで強化されている。これら空気の入った骨は呼吸系につながる。文字どおり連結しているのだ――したがって、翼か脚を複雑骨折した鳥は、むき出しになった骨の先端から呼吸ができる。隆々とした飛翔筋は、ペレグリンハヤブサの場合じつに体重の二〇パーセントほども占め、胸骨すなわち〝竜骨突起〟につながって、すこぶる効率的な呼吸系から酸素を供給されている。わたしたち人間の〝吸って吐く〟肺の機能とはちがって、空気が絶えず肺に吸いこまれ、九つある壁の薄い気嚢を経て一方向に抜けていく――これには、体温調節機能もある。全般的に見て、ハヤブサの呼吸系、循環系は、わたしたちのものよりはるかに効率がよい。代謝率がはるかによいにもかかわらず、ハヤブサはわたしたちとほぼ同じペースで呼吸する。

　ほかの鳥に比べて、消化系は短い。生の肉は消化しやすいからだ。ハヤブサは羽毛や毛皮を消化できない。そのうに蓄えておいて、数時間後に、ぎゅっと固めた〝ペリット〟として口から吐き出す。水はめったに飲まない。必要な水分の大半を餌動物から補給するし、水分経済〔体内に取りこむ水の量と失う水の量との平衡関係」がみごとなまでに効率的だからだ。ハヤブサの糞——鷹匠用語で〝ミュート〟または〝タカのチョーク〟と呼ばれる——は、便の成分と尿酸結晶の白っぽい懸濁液からなる。ハヤブサはときに、血中濃度の三〇〇〇倍にまで濃縮された尿酸を排出する。これは鉄をも腐蝕させる強酸だ。

飛翔

ハヤブサの特徴としてとくに名高い飛翔は、どんなものなのか。ハヤブサの胴体は翼部に比べて重い。飛翔する姿は不安定で、翼が下反角をなす——つまり〝Λ〟型であり、帆翔（ソアリング）するコンドルやワシの〝V〟型をした上反角とは逆向きだ。翼はアスペクト比——翼開長の二乗を翼面積で割った数字——が高く、反りは低めで、長くて先が尖っている。要するに抵抗の少ない形態であり、帆翔よりも、動きの激しい羽ばたき飛行や高速滑空に向く。ハヤブサが高度をかせぐときは、羽ばたきを強化するか、崖や丘から上昇気流に乗って帆翔する。高い止まり木や、地面からは姿が見えないほど高高度の空中から、獲物めがけて急降下で襲いかかる。ハヤブサの狩りの戦術と同じものが、第一次および第二次世界大戦中の戦闘機パイロットの戦術マニュアルに体系的にまとめられている。たとえば、空には隠れ場所がごくわずかしかない。ハヤブサはよく、太陽を背に急降下して襲う。英国空軍の戦闘機隊も同じ目的で敵機編隊の上に陣取る。また、ハヤブサは獲物の死角に入り、背後または真下から相

長距離の渡りをするハヤブサは、定住性の個体群よりも翼の幅が狭くて横に長い傾向がある。この写真では、黒色型のセーカーハヤブサがパキスタン北部の山を越えている。

手に気づかれないように近づいて墜すことが多い。同様に、第二次世界大戦中の〈フランスの戦い〉において、英国空軍の〝戦闘機エリア戦術〟が戦闘機小隊に対し、単独飛行する敵の爆撃機の後方七三〇メートル、下方三〇から六〇メートルの死角に入って攻撃をしかけるよう指示している。地上の獲物に近づくさい、ハヤブサは翼を動かさずに高速滑空し、正面から見える形を最小にする。ときおりだまし討ちをしかけ、無害な鳥の飛びかたをまねつつ、安心しきった獲物に近づく。襲いかかられたが最後、獲物は空中でつかまれるか、片足もしくは両足で激しく蹴りつけられる。急降下するハヤブサのスピードはすさまじく、たいていは一撃で即死させられる。

さほど開けていない環境に棲むハヤブサは、翼のアスペクト比が低くて尾が長い。障害物が多いなかで急旋回するのに向いた形態だ。これはとくに、ニュージーランドハヤブサに顕著に見られる。この風変わりなハヤブサは、ほかの場所ではタカが占めているニッチに進出した種で、獲物を木立へ追いこみ、ときには下生えのなかを走って追跡しさえする。ハヤブサの幼鳥はまた、成鳥に比べて尾が長く翼が広い。経験が浅くてもなんとかなる狩りの手法に向いた形態だ。たとえば、セーカーハヤブサの幼鳥は、齧歯類が豊富な草原の上空をあちこち舞って探索する。最初の換羽ののちに尾が短くなって翼の前後幅が狭まり、羽が固く強靭になる。

ハヤブサの飛翔は高速で、かかるストレスが構造的に大きい。シロハヤブサは低空で直線飛行をするとき時速一三〇キロを出し、急降下するペレグリンハヤブサはその二倍をゆうに超す速度に達する。鼻孔内の骨の突起は、こうした高速時に呼吸を助けるものと一般的に考えられているが、もしかしたら、外気流速度の変動による温度や圧力の変化を感知して対気速度を知らせているのかもしれない。尾のつけ根に余分な一対の骨があり、強力な筋肉を支える面積を広げている——追跡飛行で急な旋回や減速をするためには必要不可欠だ。

4種類のハヤブサの翼の形状。幅が狭くて横長の翼のほうが空中攻撃に適しており、幅が広くて丸っこい翼になるとゆっくりした探索飛行もできる。上から、シロハヤブサ、セーカーハヤブサ、ペレグリンハヤブサ、ニュージーランドハヤブサ。

こういった旋回をすると鳥の体に強烈なストレスがかかる。生物測定学者のヴァンス・タッカーは、調教されたハヤブサに小型の加速度計を取りつけて、急降下後のいちばん低い場所からほぼ垂直に急上昇するときの重力加速度を記録した。血液が目や脳から引くせいで、人間の操縦士ならおよそ六Gで完全に意識を失いかねない――Gによる意識喪失（G-LOC）だ。タッカーの実験に立ち会った人物は、ハヤブサに二五G超がかかって加速度計が〝計測不能〟に陥った事実を興奮ぎみに報告している。これだけの重力がかかると、体重〇・九キロのハヤブサは二七キロ以上にもなる。

コンドルをはじめ、ゆっくり滑空する鳥は、体の羽毛が粗くもさもさしており、大きく広がって切れこみの入った初列風切羽が、低い対気速度を保てるようにそれぞれ小さな翼として機能する。いっぽう、ハヤブサの羽は密集して生え、体の輪郭をなめらかにして空気抵抗を減らす。羽は年に一回の換羽で生え換わり、種類もいくつかある。堅く細長い主翼羽、断熱効果にすぐれた綿毛、体を覆ってなめらかな輪郭を作る正羽、嘴と蠟膜（ろうまく）のまわりにあって食後に乾いた血をはじき落とす剛毛羽、外からはめったに見えない長い糸状羽。これは主翼羽につながっており、根元に神経終末がある。その感覚入力によって翼の表面の気流を感知し、飛行中の翼の形をしかるべく調節しているのではないかと思われる。

ハヤブサはかなりの時間を羽のメンテナンスに費やす。長い時間をかけて羽繕いし、たびたび水浴びする。羽繕いでは、尾のすぐ上にある尾腺をそっとつついて脂肪酸、脂肪、蠟の分泌液を出し、羽に塗る。この分泌液には、防水効果のほかにビタミン前駆体があり、これが陽光を浴びてビタミンDに変わる。次の羽繕いのときに、すくいとられて体内に取りこまれるわけだ。羽衣の色は、黒色、茶色、灰色、オレンジ色、白色が典型的なハヤブサの色相になる。ラナーハヤブサ、セーカーハヤブサの一部、ペレグリンハヤブサの大半は、上部が青みを帯びている。この青い色合いは鳥を狩るほかの猛禽類にも共通する特徴だが、なぜそうなのか理由はわかっていない。ハヤブサの特徴的な模様は、

ペレグリンハヤブサの幼鳥は、19世紀はじめにインドで描かれたこのタンジャーヴール・スタイルの水彩画が示すとおり、腹部が縞になっている。

目の下から頬にかけて走る黒い筋〔いわゆるハヤブサ髭〕だ。いくつかの種では、この筋が幅広なせいで頭巾をかぶったように見える。逆にごく淡いか、まったくない種もわずかだが存在する。この筋はおそらくまぶしい光への対策で、機能的にはアメリカンフットボールの選手が目の下を黒く塗るのに近い。目の周囲および脚や蠟膜のむき出しの皮膚は、薄い青色または灰色から鮮やかなオレンジ色まで多種多様だ。こうした鮮やかな色彩はディスプレイ行為と伴侶選びに関わりがあるのかもしれない。というのも、若鳥の場合は色彩がさほど鮮やかではないからだ。生後一年めのハヤブサは下面の縞が横ではなくむしろ縦に見え、成鳥に比べて茶色味を帯びているか薄い。縞がはっきり入った成鳥の羽毛は縄張りを誇示するためのものと考えられており、若鳥は羽毛の色合いがぼんやりしているおかげで、巣立ち後の分散期にさほど咎められずに成鳥の縄張りをうろつける。

渡り

ハヤブサの移動はときに長距離におよぶ。鳥の渡りの理由や目的に関しては、これまで大量の文章が書かれてきた。最近の研究によって、鳥の渡り行動の発達には強力な遺伝的要素がからむことが示唆されているが、ハヤブサの渡りについては外的要因が一目瞭然なものが多い。その要因とは、食糧だ。キルギスタンでは、セーカーハヤブサが晩夏の初降雪とともに天山山脈から南下しはじめ、獲物を追って草原地帯におりてくる。ロッキー山脈のソウゲンハヤブサは夏に高地へ移動する。低地でのおもな獲物であるタウンゼンドジリスが、灼熱から逃れようとして地下に隠れてしまうせいだ。不安定な食糧事情に応じてさすらう動きは、ラナーハヤブサなど乾燥地帯に住むハヤブサにも見られる。北極地方で繁殖するハヤブサは毎年春と秋に数千キロもの渡りを行ない、一年じゅう一定地域に住む中緯度地方の留鳥または部分的渡り鳥〔個体群の一部分だけが移住する〕をいっきに飛び越す。グリーンランドに営巣するペレグリンハヤブサははるか南のペルーで越冬するし、シベリアのペレグリンハヤブサもアフガニスタン、パキスタン、さらには南アフリカまで南下する。

逆に、一年じゅう餌動物のいる地域のハヤブサは定住傾向にある。マンハッタンに棲む都会のペレグリンハヤブサには、食糧源として一年じゅうハトがいる。イギリスでは、冬季に野生の獲物が少ない地域で、ペレグリンハヤブサが人工の食糧源に頼ることもある。北部の荒野に棲む個体群が、伝統的なレース用ハトの飛行経路をうまく活用して、鳩レース界をおおいに落胆させているのだ。カナダのブリティッシュコロンビアにある多湿な島、ハイダ・グワイのペレグリンハヤブサは、海鳥を食糧にしてしのいでいる。鳥類が豊かな熱帯のスリランカに棲む黒色のシャーヒーンは、繁殖の縄張りに一年じゅう留まる。

渡りのハヤブサは移動が速く、ときには陸や海を一日数百キロも移動する。フリードリヒ二世による十三世紀の大作（マグヌムオプス）『鷹狩りの書（鳥類を利用した狩りの技術について *De Arte Venandi cum Avibus*）』の写本には、船の索具にとまったペレグリンハヤブサの挿絵が存在するが、現在でもシロハヤブサとペレグリンハヤブサは渡りの途中で船におりてくる。アメリカ人生物学者にして鷹匠のラフ・メレディスは、一九三〇年代に大西洋を横断したとき、美しい白色のシロハヤブサを思いがけず授かり、その

船の上で休むハヤブサ。フリードリヒ二世による13世紀の『鷹狩りの書』より。渡りのハヤブサはいまも船の上にとまる。

幸運をなかなか信じられなかった。航海中にハヤブサが甲板に降りたち、船員によってすみやかに捕らえられたのだ。メレディスは鷹狩り界の名士だったので、有名なファンダンサーのサリー・ランドが訪ねてきて、芸のためにハヤブサを一羽もらえないかと要求する一件もあった。彼はこの求めに応じなかったようだ。

どう考えても、船はハヤブサに適した住環境ではない。だが、ハヤブサ属（*Falco*）は特定の土地環境に縛られていない。都市の中心や砂漠や北極の氷に覆われた崖の上空でも、熱帯林の多湿な空でも、特徴的なハヤブサの姿が目にされる。大型のハヤブサは繁殖期以外は一羽きりで過ごす傾向にあるが、ラナーハヤブサなど一部の種では、つがいが一年じゅう協力して狩りを行なう。また、乾燥地域のラナーハヤブサは餌動物が集まる水場で群れをなすし、シロアリの大群を食べるためにばらばらと集まることもある。

繁殖

ハヤブサは餌動物が最も豊富なときに繁殖期を合わせている。捕まえやすい未熟な若い獲物がたくさんいるあいだに、雛が育てられて巣立つ。温帯および北極に近い地域のハヤブサの多くは早春に冬の縄張りから繁殖の縄張りに戻り、春につがいになって産卵する。繁殖の縄張りは一般的に、一羽きりの冬の縄張りよりかなり広い。家族を養うにははるかに多くの獲物が必要だからだ。縄張りの広さ

繁殖の縄張りからワタリガラスに襲いかかるペレグリンハヤブサ。著名な鳥と狩りの挿画家、ジョージ・ロッジ（1860〜1954）による版画。

は、周辺地域でどれだけ獲物を入手しやすいかによって変わる。たとえばソウゲンハヤブサの繁殖の縄張りは、三〇平方キロとかなり狭いときもあれば、四〇〇平方キロの広さに達するときもある。

この縄張りには、場合によって複数の巣が存在し、一年ごとに代わる代わる用いられる。岩棚にあるむき出しの〝くぼみ〟や、崖の甌穴（おうけつ）、川岸の崖、あるいはワタリガラスやワシなどほかの大型鳥の巣を再利用したものもある。ハヤブサは自分では巣を作らない。ペレグリンハヤブサのなかには木の上に営巣するものもいる――現在は死に絶えた一個体群は、テネシー州の老齢森にある枯れ木のてっぺんのうろを利用していた。伝統的な営巣地は、ときには太古から使われつづけている――グリーンランドのシロハヤブサの巣は数千年前からのものだと言われている。カリフォルニア北西部のカロク族は、彼らがアイクネイチまたはアイキレンと呼ぶペレグリンハヤブサを不死と考えていた。というのも、遠い昔からずっとアウイチ（シュガーローフ山）の頂きで一対のつがい

ハヤブサは巣を作らない。岩棚に産卵する種もあれば、モンゴル地方のこのセーカーハヤブサのように、ノスリやワタリガラスの古い巣をしばしば利用する種もいる。

が繁殖していたからだ。イギリスのペレグリンハヤブサの巣には、十二世紀から継続して使われていると記録されたものがあるし、たとえばランディー島の巣のように、勇猛な鷹狩りの鳥として称えられたハヤブサを生み出したものもある。こうした〝特別な〟巣の物語には、それなりの真実が含まれるかもしれない。ハヤブサの若鳥は生まれ育った地域に戻る傾向がある。このように同じ場所に戻ってくる率が高いおかげで、長年のあいだに局地的な遺伝形質が強化され、属内での種分化が進んだのだろう。

縄張り意識が強い猛禽類でありながら、獲物が豊富な場合には巣が密集する事例も見られる。だが、巣の集まりかたは均一ではない。たとえば、アイダホ州のスネーク川流域の小渓谷群は、エベル・ナイベルがロケットを装着したバイクで飛び越えようとして失敗したあの有名な渓谷から数キロの距離だが、ソウゲンハヤブサのつがいがおよそ〇・六五キロごとに営巣している。これらのつがいが狩るのは、渓谷から広がったヤマヨモギの荒野におびただしく棲息するジリスだ。ステップやプレーリーの草原では、営巣に適した場所が乏しいせいで、獲物は多数のつがいが繁殖できるくらい豊富なのに、ハヤブサの個体数が抑制されている場合もある。人工の営巣台を設ける保護管理の手法が一部で成功を収めてきたが、そうした棲息環境の補強を必要としないハヤブサもいる。モンゴル地方ではセーカーハヤブサの地上巣が見られるし、北極地方には地面に営巣するペレグリンハヤブサの大きな個体群がある。地面での営巣は危険な賭けで、卵や雛を捕食者にさらすいっぽうで、ほかの種との相利共生関係が生まれる。シベリアのタイミル半島では、本来は無防備なペレグリンハヤブサの地上巣が、統計的に有意な頻度でアオガン（*Branta ruficollis*）の集団繁殖地（コロニー）のそばに見つかっている。油断のないアオガンがホッキョクギツネか鳥類の捕食者を見かけて警告音を発すると、ハヤブサがすさまじい急降下で脅威を払い、結果的にハヤブサ、アオガンの双方が恩恵を受けるのだ。

　大型のハヤブサはたいてい生後二年め以降に繁殖するが、個体群中には繁殖を行なわない成鳥がどの時点でもそれなりの数いる。シロハヤブサはタビネズミやライチョウの数が少ない年にはまったく繁殖しない場合もある。ハヤブサはおおむね一夫一妻で、婚外交尾はめったに見られない。求愛のしるしは、色鮮やかな羽毛ではない。代わりに、雄が営巣地の候補付近をめまぐるしく求愛飛翔し、ときには雌をともなうこともある。そして雄が雌に獲物を運び、巣棚でおじぎや呼び鳴きなど優雅なディスプレイを行なって、つがいの絆が固められる。頻繁な交尾――産卵前は一時間につき二回か三回――により、いっそう絆が強化される。抱卵数は一回につき三から五個で、斑点のある錆茶色の卵を雌がおよそ一か月間温める。孵ったばかりの雛は灰色か白っぽい綿毛に薄く覆われ、一週間かそこら

巣立ち雛のペレグリンハヤブサ。フィンランドの画家エーロ・エリク・ニコライ・ヤルネフェルトによる、観察眼の鋭い1895年のガッシュ画。左の鳥は餌を守ろうと“羽褄”をしている。もう一羽は、食べ物をせがむ幼鳥に典型的な、背中を丸めた姿で鳴く“餌鳴き”をしている。

で少し厚い羽毛に変わる。羽が生えるスピードは早く、羽柄が綿毛を突き破ると、雛は羽ばたきや狩りの本能に目覚める。巣内では遊び好きで、棒きれや石や羽を足でつかんだり、ぶんぶん飛びまわるハエか遠くの鳥を上下逆さにした頭で見つめたり、きょうだい雛の翼や尾を引っ張って怒らせたり。生後四十日から五十日でおぼつかないながらも最初の飛翔をし、その後は、親鳥が殺したか傷を負わせた獲物を高所から落としてもらい、これを追跡、捕獲して、空中での狩りの基本技術を学ぶ。

幼鳥はその後四から六週間経つと自分で獲物を取って縄張りから分散しはじめるが、その時点を境に死亡率がかなり高くなる。生後一年めに、若鳥のおよそ六〇パーセントがおもに飢えのせいで死ぬ。この事実に、ハヤブサを現存動物のなかで最も有能な捕食者とみなす論評者の多くが驚く。こうした驚きが生まれるのは、動物の生態が神話とは異なるとき——つまり、生きた本物の動物が人間の認識に合わないときだ。たとえば、ベドウィン族の鷹匠は、砂漠を渡るハヤブサしか見たことがなく、繁殖するつがいは目にしていないので、当然ながら、捕まえたハヤブサに自分たちの性的な固定観念を投影させた。体が大きくて力の強い個体が雄で、体の小さい個体を雌とみなしたのだ。だが、ハヤブサに関する科学的な理解もやはり、人間社会の先入観によって大きくねじ曲げられるか、気づかないうちに形成されている。そして種の保全活動も、文化がちがえば動物の価値もちがってくるせいで摩擦が生じ、分裂しがちだ。ハヤブサは野生と自由の模範なのか。害鳥か。聖なるものか。商業的な価値を持つ野生の生物資源か。それとも、カリスマ的にして批判を寄せつけぬ、危機にさらされた自然の象徴なのか。こうしたさまざまな意味づけを詳しく調べることには、現実的な意義がある。人間が動物を保全するのはその価値を重んじるからで、そうした価値判断は人間の社会的、文化的な世界に縛られるのだから。ハヤブサを用いて多様な文化的世界観を表現し、強化している絵や物語は、〝神話〟であり、次章ではこれがテーマとなる。

第二章　神話的ハヤブサ

トム・ポルハウス刑事（タカの彫像を持ちあげて）重いな。なんだね？
サム・スペード　こいつは……夢の材料さ。
ポルハウス刑事　は？

（一九四一年の映画『マルタの鷹』の結びのせりふ）

一九四一年十一月の霧深い夜明けのこと、アメリカ人鳥類保護主義者のロザリー・エッジは、都会の鳥たちのけたたましい警告鳴きにたたき起こされた。マンハッタンの自宅の窓からセントラルパークのほうに目を凝らしてみた。いったいなにごとかしら。目をまたたいて眠気を払ううちに、むき出しの岩に彫刻された石のハヤブサがじつは石像ではないと気づいた。生きているのだ。ふいに時間が止まった。エッジはその場に釘づけになった。わたしの魂は、現代社会への訪問者としては信じがたいほどめずらしいその「姿を、うっとりと味わった」と彼女は書いている。ひょっとして、ハトホル〔古代エジプト神話の創造の女神〕の亡霊がメトロポリタン美術館から抜け出して、気づいたら日の出が迫っていたとか？　いいえ、ちがう。「ハヤブサがすばやく羽ばたいてさっと宙に身を投げ出したとたん、時間がまた流れはじめ……魔法は解けた[1]」。

同じ年、もう一羽の古代のハヤブサが、ハンフリー・ボガート、ピーター・ローレ、シドニー・グ

ボギーと黒い鳥。ジョン・ヒューストン監督による1941年制作映画の宣伝写真での、ハンフリー・ボガートとマルタの鷹、そして両者が結合した影。

リーンストリート、さらには全米の観客を、その魔力で魅了した。ジョン・ヒューストン監督のフィルム・ノワール『マルタの鷹（*The Maltese Falcon*）』の冒頭で、小さなハヤブサの影像の黒々とした輪郭がスクリーンに投影され、観客は流れる字幕を読んでそのごく大まかな来歴を知る。

一五三九年、マルタ島のテンプル騎士団はスペインのカルロス一世に敬意を表し、全身に稀少な宝石を散りばめた黄金の鷹〔原文ではFalcon。最近まで、ハヤブサはタカ目の仲間と考えられていた〕を贈った……だが、この貴重な宝物を運ぶガレー船を海賊が乗っ取り、〝マルタの鷹〟のゆくえは今日まで杳として知れない。

映画の筋が進んでも、マルタの鷹は謎のままだ。登場人物の人となり——全員がこの像をひどく欲しがるか恐れるかしている——や、彼らの住む世界が明かされていくが、像はあくまでもの言わぬ物体であり、自身については何ひとつ明かさない。同様に、前述のセントラルパークでの夜明けの遭遇も、ペレグリンハヤブサについてほぼ何も伝えていない。しかし、書き手自身と彼女が住む時代については多くを語っており、自然と歴史に対するこの時代の興味深い考えかたが示されている。戦時中のアメリカでは、どうやら、ハヤブサは獣神と古代儀式の時代を霊的に体現するものとみなされたようだ。だが、ほかにも数多くの意味合いを帯びていた。前述のエッジら熱愛者は、ハヤブサを近代化の容赦ない浸食により危険にさらされている太古の野生性の生きた断片と考えた。この時代のハヤブサにまつわる著述はたいてい、同時代の人類学者の研究によく見られた陰鬱なロマン主義で貫かれている。彼らは研究の対象にした文化を、異国情緒にあふれ、原始的で、活力に満ちているが、時代の進歩によっていずれは消滅する運命にあると考えていた。

ハヤブサは手つかずの野生の自然を象徴するだけでなく、歴史の図像（イコン）にもなりうる。時代を遡って一八九三年、ある大衆誌が、古代の鷹狩りは「アメリカの大衆の想像力を驚くほど支配し」、フードをかぶったハヤブサの絵が「聖ゲオルギオスとドラゴンの絵と同じくらいくっきりと大衆の頭に刻みづけられている」と述べた[2]。そして失われた輝かしき中世の黄金時代を喚起させるこのハヤブサの能力が、第二次世界大戦によっていっそう高められた。アメリカが自国を、ファシズムの暗黒勢力に脅かされるヨーロッパのハイカルチャー遺産の守護者とみなす傾向が強まると、〝テクニカラーの中世〟のセットで第二次世界大戦を描いたハリウッドの大作に、調教されたハヤブサがたびたび登場するようになったのだ。戦時中のハヤブサはまた、戦闘機の生物版ともみなされた——重武装させた空気力学の完全体の、自然の見本だ。ハヤブサに対するこの考えかたは軍部の心をつかんだ。それが高じて、本物のハヤブサが防衛機構に組みこまれさえした。四章で紹介するが、この試みはさまざまな形で成功を収めている。そして、ハヤブサ神話が現実世界に影響をおよぼす可能性を実証するかのように、多くのアメリカ人がみずからの〝文化メガネ〟越しに明確な信念をもって自然を眺め、自分たちの道徳体系にハヤブサを挿入した。ハヤブサを、かわいい小鳥を貪欲に殺す悪者であり、見つけしだい撃ち殺すべき敵とみなしたのだ。

これらはすべて、一九四〇年代のアメリカ東海岸のハヤブサ神話だ。とはいえ、大半はいまなお語られていて、神話と呼ぶのは奇妙に感じられる。今日も、ハヤブサは手つかずの自然の貴重なイコン、中世主義の優美なイコンでありつづけているし、いまだに彼らをほかの鳥の〝虐待者〟だと罵る者が

中世の黄金時代の象徴としてのハヤブサ。アッシジのフランチェスコ聖堂の、シモーネ・マルティーニによる14世紀フレスコ画の細部。

いるし、アメリカのF-16〝ファイティング・ファルコン〟戦闘機をあちこちの上空で見かける。よく言われるとおり、神話は他者のものでないかぎり、けっしてそうだと認識されないのだ。

ハヤブサと雄鶏

神話とは、つまり、語り手の関心や価値観を宣伝し、歴史や文化の偶然の産物にすぎないものを自然で本物で自明な存在にする物語のことだ。人間が抱く概念を自然という基盤に固着させて、岩や石と同じく自然なものだと聴き手に請けあう。この過程は〝自然化（ナチュラリゼーション）〟と呼ばれ、自然を事物のありようの究極の証とみなす。いや、事物のあるべき姿の証と言うべきか。神話も規範的な要素を持つのだ。ときには、それが明白な場合がある。たとえば、〝カラスにどれだけ餌をやってもハヤブサにはならない〟というキルギスの諺は、人々のあいだの不平等を、単なる社会の偶然ではなく自然の事実としている。寓話も同様に、語り手の社会的な道徳規範（モーレス）を自然化する働きを持つ。だが、読み手が物語の形成に荷担し、自分で読む以前にその道徳観に進んで従っている場合、寓話の規範的な力は知らぬ間に強まっていく。トーマス・ブラーグによる一五一九年の動物寓話『ハヤブサと雄鶏』は、騎士の所有するハヤブサが主の拳に戻るのを拒む場面から始まる。

一羽の雄鶏がこれを目にし、大喜びして言った。なんで哀れな俺はいつも土と泥に住んでいるのか、俺はハヤブサと同じくらい美しく偉大ではないか。わが主のグローブにとまったら、きっと俺は肉を与えられるだろう。雄鶏が拳にとまると、騎士は（悲しんではいたが）いくらか元気を取り戻し、雄鶏をつかんで殺したうえで、その肉をハヤブサに見せて再びわが手に戻らせようとし、肉を見たハヤブサは急ぎ戻った。(3)

ブラーグの訓言は次のメッセージを肝に銘じさせる。「あらゆる者にその天職を歩ませよ、身のほどをわきまえさせよ」。この寓話は、ハヤブサが高貴な動物だという確固たる古来の認識にもとづく。優雅さ、力強さ、自立、優位性、他者の生殺与奪の権を握る力――何千年ものあいだ、これらはハヤブサと貴族階級双方の特質とみなされてきた。それゆえに、ハヤブサ神話はしばしば、ハヤブサがほかの鳥よりも高貴だという明白な〝事実〟を訴えて、人間社会の階層を補強してきた。

現代ヨーロッパの初期には、人間の世界も鳥の世界も同じように組織化され、同様の明確な社会階層にもとづいて形作られているものと考えられていた。王族が人間の頂点に、猛禽類が鳥の頂点に君臨し、各貴族間の階級差が、タカのさまざまな種間の差異に対応する、と。現代の鷹匠は〝だれがどのタカを飛ばせるか〟を規定した一覧と誤読することが多いが、十五世紀の『セント・オールバンズの書（*The Boke of Saint Albans*）』は、この対応をみごとに例示している。いわばイギリスの鳥版『バーク貴族名鑑』といったところだろうか。

ここに Gerfawken〔シロハヤブサ〕あり。雄のシロハヤブサ。これらは王に属する。

「Gerfawken（シロハヤブサ）あり……これらは王に属する」玉座の上で、スティーヴン王が白色（淡色型）のシロハヤブサに餌を与えている。ピーター・ラングトフト『英国年代記』より、1307～27年ごろ。

ここに Fawken gentill〔雌のペレグリンハヤブサ〕と、Tercell gentill〔雄のペレグリンハヤブサ〕あり。これらは王子のもの。

ここに Fawken of the rock〔ペレグリンハヤブサ、とくに岩がちな地域に棲息する個体群〕あり。これは侯爵のもの。

ここに Fawken peregrine〔ペレグリンハヤブサ〕あり。これは伯爵のもの。

そして Bastarde〔ノスリ、チュウヒ、あるいはなんらかのタカ〕あり。このタカは男爵のもの。

ここに Sacre〔雌のセーカーハヤブサ〕と Sacret〔雄のセーカーハヤブサ〕あり。これらは騎士のもの。

ここに Lanare〔雌のラナーハヤブサ〕と Lanrett〔雄のラナーハヤブサ〕あり。これらは郷士に属する。

ここに Merlyon〔コチョウゲンボウ〕あり。このタカは貴婦人のもの。(4)

こういった自然の階層が存在することに異論の余地はなかったが、じゅうぶんな社会権力を持っていれば、その枠組みのなかで偶像を破壊する者になりえた。だからこそ、カスティーリャ王国の宰相、ペロ・ロペス・デ・アジャラは公言できたのだ。貴族にふさわしいペレグリンハヤブサのほうがシロハヤブサよりも好きだ、なぜなら、後者は「粗野な手［翼］と短い指［初列風切羽］を持った農奴」であるから、と。(5)

タカと人間をこのように対応させる考えは、文化メガネのおそろしく強固な側面の一例であり、人間たちは自然界も自分の社会とまるきり同じ構造だと決めてかかっている。カリフォルニアのチュマシュ族の神話は、人間の登場以前に動物がこの世界に住んでいたと考える。その社会はチュマシュ族の社会とまさに同じように組織化され、イヌワシが動物の長で、ハヤブサ、すなわちクイッチはその甥になる。こうした類比は一目瞭然だ。だが、ときには深く隠されている。存在することに驚かされる場合すらある――とりわけ、〝客観的な〟科学で遭遇したときには。だが、たしかに存在するのだ。もっと言うなら、生態学者は自分たちの社会における権力行使にからませて、捕食の生態への理解をしじゅう歪めている。人間を自然界に対応させるにあたって、ともすれば、猛禽類と人類が道徳的、機能的に等価である、とくにそれぞれが自然界と社会の安定を保っているのだと考えがちだ。こうした類比思考が高じると、憂慮すべき事態になりうる。一九五九年、軍人でありスパイにして博物学者のリチャード・メイナーツハーゲンは、猛禽類の役割は弱者と心身障害者を取りのぞくことだと記した。猛禽類がいなかったら「鳥は頽廃して飛べなくなり、いずれは絶滅にいたることが多い[6]」と彼は主張する。いわく、平和は文化を衰退に導く。恐怖は社会秩序の維持に必要だ。猛禽類がいなかったら、鳥類は「今日の人類のように、無教養で、愚かで、饒舌で、超過密で、不幸になるだろう」。「たとえばトラファルガー広場のハトのように、絶対的な安全が確保されている場合、不安はいっさいない。できることなら、雌のオオタカをトラファルガー広場に六羽放って、結核に冒されたあのハトの群れの反応をぜひとも観察したいものだ[7]」。たとえニーチェを読んでいなくとも、この文章の言外の意味は理解できるだろう。あるいは、猛禽類に対して「ヒステリックで常軌を逸した無責任な」鳥の群れが擬攻撃（モビング）する光景を「極悪非道なふるまい」だとするメイナーツハーゲンの主張についても。

数千年のあいだ、ハヤブサ固有の資質と自文化がみなすもの――力強さ、荒々しさ、すばやい動き、すぐれた狩りの腕前などなど――を備えたいと願う人々は、それを達成するためにハヤブサの姿形を装った。アメリカ南東部祭礼様式（ミシシッピ文化）の戦士や狩人は、様式化された赤黄色のペレグリンハヤブサの〝二股の目〟模様を目のまわりに描いて、ハヤブサの鋭敏な視覚と狩りの能力をわがものにした。ヨーロッパの青銅器時代の墓には、ハヤブサの矢羽がついた矢とともにハヤブサの嘴が埋葬されているが、おそらくこの鳥の飛翔のすばやさ、正確さ、破壊力を矢に与えようとしたのだろう。今日でも、たとえばハヤブサのTシャツを着た男性、銀のハヤブサのネックレスをつけた女性、動物園からの帰りに落ちていたハヤブサの羽をぎゅっと握り締めている子どもたち――彼らはみな、ハヤブサとの結びつきを持つことによりその資質を授かりたいという、実現性は低いながらも似たような願望を抱いている。だが、ハヤブサらしくなるには、護符も仮装も必要ない。象徴の転移は、ハヤブサにちなんだ名前をつけるとか、個人的、社会的にハヤブサと同一視されるとかいったことでも実現されうる。

二十世紀のはじめ、人類学者はトーテム崇拝という単語を用いて、特定の一族、氏族、集団が何か人間ではないもの――多くは動物――に自分たちを重ねる現象を表現した。彼らによれば、動物トーテムの機能は、動物の種がそれぞれちがうように、ある集団の人間がほかの点では似ているべつの集

この美しく解剖学的に正確な銅製のハヤブサ(紀元1〜350年ごろ)は、現在のオハイオ州チリコシー近郊に位置するマウンド・シティー墳丘群でホープウェル文化の緻密な埋葬品の一部として発見された。

団とはちがうのだと主張することにある。たとえば中央アジアでは、遊牧民族のオグズがさまざまな猛禽の種、年齢、性別を入念に区別し、その多くを二四の氏族の紋章、すなわちオゴンに用いた。トゥルル、つまりアルタイハヤブサはアッティラ一族の紋章であり、アッティラ王の楯にも描かれている。

こうした識別は、現実的、政治的な副次的影響をもたらした。キルギスとカザフの鷹匠は自分の一族や氏族にはハヤブサを与えてもかまわないが、ほかの集団には与えられない。与えたら、自分たちの力を損なってしまうからだ。敵のハヤブサを捕獲することには、計り知れない象徴的意義があった。そして自分たちのハヤブサを敵に贈る行為は、紛れもなくはっきりと降伏を意味した。トクタミシュ・ハンの有名なハヤブサを奪われた伝説が、これをみごとに語っている。宿敵のティムールがトクタミシュの鷹番を買収してハヤブサの卵を盗んだ。その卵から雛を孵せば、相手の力を身につけられると考えたからだ。果たせるかな、ひとたびハヤブサが孵るや、トクタミシュの力が弱まった。

1950年代のこの写真で、アメリカ空軍士官学校のアメフトチーム、ファルコンズが、生きたマスコットを披露している。どうやら、"男のなかの男たち"はハヤブサを拳にのせるのにグローブを必要としないらしい。

彼はティムールとの戦いで負けて逃走したのだ。このような説話を背景に、ハヤブサは長年のあいだ、外交や政治的和解や戦時交渉の贈り物として、その希少性や鷹狩りでの有用性をはるかに超える価値を持つとみなされてきた。

前述のトーテムの概念は二十世紀後半にさほど唱えられなくなったが、それも無理もない。人類学者は、トーテム崇拝の社会が自分たちの社会に比べて〝原始的〟だという仮定を補強するために、この概念をしじゅう用いていたのだ。ところが近年、個人、国家、企業のアイデンティティという概念を産業化社会がいかに表現しているかを研究する文化史学者たちが、この単語を復活させた。ハヤブサは一族、氏族、会社、国、グループ、ブランドの集団的表象になりうる。国家の紋章になったハヤブサもいる——たとえば、白色のシロハヤブサが十九世紀のアイスランドの旗に、セーカーハヤブサがアラブ首長国連邦の国旗、切手、紙幣に描かれている。同じく十九世紀に、オーストリア＝ハンガリー帝国〔国章が双頭のワシ〕の体育団体、ソコル〔チェコ語でタカやハヤブサの意味〕で国家のアイデンティティとスポーツのアイデンティティが衝突したが、この団体はのちの両大戦間の時期に強烈な国家主義組織となった。じつはスポーツ界では、ハヤブサのトーテムを頻繁に見かける。一九六〇年代に、アトランタのフットボールチームが名称公募したさい、ある教師が優勝した。アトランタ・ファルコンズというのが、提案された名称だった。彼女による説明は、鳥類とフットボール選手の類似性を滑稽かつほほえましい領域にまで押しあげている。「ハヤブサは大いなる勇気と闘志の持ち主で、誇り高く威厳がある。けっして獲物を落とさない。命懸けであり、すばらしいスポーツの伝統を持つ[9]」。

ハヤブサをフットボール選手の集合体とみなすのは、この鳥の象徴的機能を少しばかり広げすぎだと思われるかもしれない。だが、ごくふつうのことなのだ。ハヤブサはじつに多種多様な概念の自然化に用いられてきたので、どこで鳥そのものが終わってどこから偶像が始まるのか線引きがむずかしい。ゆえに、ハヤブサのトーテムは、そこから連想されるには広すぎる意味あいを付与されることが多い。たとえば、ハヤブサは因襲打破主義のロックグループ、ブリティッシュ・シー・パワーの、ネオ・ロマンティックでハードエッジで牧歌風の独特なブランドを想起させる。葉っぱの王冠を戴いた彼らが、緑の植栽をごてごてと置いたステージで演奏し、プラスチック製のペレグリンハヤブサがアンプの

ロックバンドのブリティッシュ・シー・パワーの布ワッペンに描かれた、飛翔するペレグリンハヤブサ。

1950年代のアメリカでテクノロジーが一般家庭と出会った。フォード・ファルコンの広告。

上からスモーク越しに姿を現して、映画『プラトーン』とアニメドラマ『ファージングウッドのなかまたち』が合わさったような雰囲気を醸し出すのだ。

期待を込めてハヤブサの特質を転移する事例は、国際市場でもあちこちに見られる。どうやら、ハヤブサは数多くの好ましい資質を世界じゅうに提供しているようだ。面食らうほど多種多様な商品が、ハヤブサにちなんで名前をつけられている。たとえばアタリのファルコン・コンピューターに、ファルコン自転車。日本の大型自動二輪〝隼〟の広告では、一羽のハヤブサがハンドルの模型にとまっている。ほかにも、ダッソーファルコン・ビジネスジェット機があるかと思えば、ファルコンという名のさまざまな会社が釣り道具から会計業務までありとあらゆるものを販売している。これら単純な企業イメージの転移戦略は、冷笑家の飯の種になる。たとえばマイアミ・ヘラルド紙に寄稿するユーモア作家、デイヴ・バリーは、ハヤブサについて「〝史上最遅の車〟という誉れ高き肩書きを持つフォード・ファルコンにちなんで名づけられた獰猛な猛禽」と描写している。[10]

聖なるハヤブサ

神話的ハヤブサのいくつかは、自転車、航空機、企業のブランド戦略からかけ離れた世界に存在する。ルーブル美術館の台座に立つのは、ハヤブサの頭を持った人間のブロンズ像だ。その姿――うつろな目、広げた両腕の上の襞襟状の羽――が、三千年ものあいだブロンズによって保たれてきた。この像は、古代エジプトの神であるホルスを具現化している。ハワード・カーターがツタンカーメン王の墓を発掘したのちに西洋の一般大衆が古代エジプト聖像研究に熱狂したおかげで、彼は何よりもよく知られた神話的ハヤブサとなった。ホルスは〝遠くにあるもの〟あるいは〝上にあるもの〟を意味する。王朝誕生前のエジプトでは、ギリシア人がヒエラコンポリスすなわち〝ハヤブサの町〟と呼んでいたネケンなどの都市で、最初期の形態が崇められていた。この初期のホルスは、創造神にして、世界の始まりに天界へ舞いあがったハヤブサだ。翼は天空であり、左目は太陽、右目は月、胸の斑点は星。翼を羽ばたけば、風が巻き起こる。

最も有名なハヤブサ神、ホルス。このブロンズ像（紀元前800～700年）は、もともと、ふたりのエジプト神ホルスとトトが儀式中に向かいあい、王を水で清める場面の一部だった。

古代エジプトにはハヤブサ神が数多く存在

精神分析学の父であるジークムント・フロイトが、この彩色されたハヤブサのミイラ像を所有していた。エジプトの冥界神ソカルを表したもの。

する——たとえば戦いの神のモントゥ、ソカル、ソプドゥウ、ネムティ、ドゥンアヌウイなどだ。さまざまな地域や宗教集団のあいだで同盟が結ばれた結果、数多くの局地的なハヤブサ神がホルスに同化し、ホルスもまたほかの数多くのハヤブサ神に同化した。太陽信仰の中心地ヘリオポリスでは、天空神のホルスが太陽神のラーに融合してラー・ホルアクティとなり、日輪像を戴くハヤブサまたはハヤブサの頭を持つ男性として描かれた。ホルスはさらに、オシリスとイシスの息子としてヘリオポリスの天地創造説に組みこまれた。そして、この流れで、上下エジプトの初代の王の座に就いた。彼の王位を継承した人間はみな、在位期間中は〝ホルス〟と呼ばれた。本物のハヤブサのほうは、ハヤブサ神が象徴する力の生ける具現者とみなされ、エジプト人の宗教儀式に深く関わっていた。秋には毎年、上エジプトのホルス信仰の中心地であるエドフ神殿で、生きたハヤブサに王冠をかぶせる儀式が行なわれた。ホルス像がこのあらたな生きた後継者を民に示し、それから神殿内で、王冠と王位の象徴がハヤブサに授けられるのだ。いまや聖なる存在となったこのハヤブサは、以降、近くの聖なるハヤブサの森で飼育される。そして自然死したあとは、ミイラにされ、大々的な儀式とともに埋葬された。

　古代エジプトでは何十万羽ものハヤブサがミイラ化され、奉納物として神に捧げられた。タールに浸されるかナトロン〔天然のナトリウム化合物。乾燥剤の役割を果たすので、古代エジプトではミイラの作製に使われた）で処理された死骸が、しかるべき容器または柩に収められ、奉納者の総代である司祭に引き渡されて、集団埋葬された。サッカラのネクタネボ二世の神殿は、ホルスの母イシスに捧げられたもので、一〇万羽のハヤブサのミイラが奉納され、砂の層で仕切られた壺に収められて回廊にずらりと並んでいた。神殿の司祭は猫やトキといった聖なる動物を埋葬儀式のために飼育していたが、ハヤブサは飼育下では繁殖がむずかしい。おそらくホルス信仰は、この地域の野生ハヤブサの個体群に大きな影響をおよぼしたはずだ。ハヤブサの取引も大量に行なわれ、奉納品はたしかにチョウゲンボウやラナーなど地元の種が大半を占めていたが、そうでない種もけっこうあった。トビ、ハゲワシ、さらには小さな鳴き鳥すらも埋葬されていた。たぶん、それらはハヤブサに見せかけたもので、奉納者を騙して売りつけられたが、数十世紀のちにX線撮影と核磁気共鳴画像法（ＭＲＩ）によって――これらの鳥のもろい骨とともに――詐欺行為が暴かれたのだろう。

ハヤブサ信仰

ハヤブサの神話的・宗教的な役割は多種多様な文化、および数千年の歳月にわたって見られるが、それらはいちじるしく似かよっている。ホルス信仰が示唆するとおり、ハヤブサ神はたいてい創造神であり、太陽か火に結びつけられている。ホルスと同じく、古代イランの火と水の神であるアヴェスターのフワルナフは、ハヤブサとして描かれた。そしてホルスと同じく、王族の天空の宝にして、神から授けられた王権と同義語だった。ゾロアスター教の預言者によると、神はハヤブサの頭を持つ。十六世紀のフランス人鷹匠、シャルル・ダルキュシアによれば、古代人はペレグリンハヤブサまたはセーカーハヤブサーの大腿骨が、磁石が鉄を引きつけるように黄金を引きつけるものと考えていた。みごとな類比だ、とダルキュシアは考えた。なぜなら「錬金術師は……黄金を太陽に帰するものと考えて」いたからだ。だが、鷹匠として、ダルキュシアはもっと無味乾燥な解釈を示している。いわく「古代人はただ、タカを飛ばすには大変な費用がかかり、これをこよなく愛する人々から大量の黄金を引き出して消費させる、くらいの意味で言っていたのだ[11]」。

ロシアの人類学者たちは、共通するこれらのハヤブサ信仰を追跡し、古代の中央アジアにかつて存在していたほぼ普遍的な猛禽類信仰にたどり着いた。この信仰の各要素が、通商、侵攻、移住、入植を通じ、数千年かけて東西へ運ばれたのだと、彼らは主張する。これらの古代神話は、ハヤブサを太陽と火にかかわる創造神とみなすのに加え、人間の魂にも関連づけた。ハヤブサを天と地、人間と神のあいだの使者と考えたのだ。また、結婚と受胎にも結びつけている。王朝や帝国の創始伝説の数多くに、ハヤブサは棲息している。のちにチンギス・ハンの義母となる女性は、太陽と月を鉤爪につかんだ白いハヤブサが天から自分の手に舞いおりる夢を見た。そしてこれを、娘が未来の征服者と結婚するしるしだと解釈した。ハヤブサと受胎の関連づけは、実生活でも行なわれた。カザフスタンとキルギスタンの一部では、分娩時に、調教されたハヤブサが天幕（ユルト）に持ちこまれる伝統がある。ハヤブサの鋭い目が、アルバストゥすなわち〝赤い母親〟を脅し、出産中の女性を襲って産褥熱をもたらすこの〝お化け〟を追い払うからだ。

マジャール人の神話上の祖先、エメシェが、夢のなかでトゥルル（ハヤブサ）の訪問を受けている。

ハンガリー神話の巨大なトゥルル（ハヤブサ）の伝説は、猛禽類信仰に共通の要素を数多く示す。トゥルルは太陽として描かれることが多い。アッティラ一族の紋章であり、ハンガリーのアールパード朝始祖の紋章でもあった。八一九年、国王ベーラ三世の王室書記が記録したところによると、スキタイ人の首長ユジェクがエメシェという名の女性と結婚し、この王朝最初の王、アールモシュが誕生した。

少年がその名を得た理由は、尋常ならざる誕生の経緯にある。母親が、天より舞いおりたトゥルルに妊娠させられる幻覚を見たのだ。その子宮から、大きな泉が湧き出でて西へ流れはじめた。しだいに水量を増してやがて激流となり、雪に覆われた山々を越え、反対側の美しい低地へ流れこんだ。そこで流出が止まり、水のなかから金色の枝を持つみごとな樹木が一本生えてきた。母親は、自分の子孫から名高き王が誕生し、現在いるこの地のみならず、夢に出てきた、高い山々に囲まれたかなたの土地をも統治するにちがいないと考えた。[12]

紀元７世紀のペルシアの銀盤。死者の魂を空へ運ぶハヤブサ（あるいは、ワシ）が描かれている。裸の女性の姿で表された魂は、自分の善行の果実をこの鳥に食べさせている。

ハヤブサの訪問ののち、エメシェとその息子は星々から神の意思を読める最初の人間となった。この古代信仰のほかの要素の多くもそうだが、ハヤブサと女性の合体によって最初の司祭が誕生するという考えは、シャーマニズムの宗教的、神話的宇宙に揺るぎなく存在する。シベリアのツングース語から借用された単語、シャーマンは、恍惚状態に陥っているあいだ異なる世界間を行き来できる人物だ。恍惚状態において、シャーマンの魂はその肉体を離れる。そして上空の天界に昇ったり、地下の黄泉の世界にもぐったりできる。死者の魂を天国まで案内し、嘆願や交渉を通じて神々と聖霊から知識、病人の治療法、未来の予言などさまざまなものを授かる。

シャーマニズムの伝統で、ハヤブサはしばしば補佐役の聖霊の役割を果たす。古代ゾロアスター教の生け贄の儀式では、「不死の酒」ハオマが用いられており、こうした恍惚状態を生みだすために幻覚作用のある物質を使う伝統が古くから存在した。通説ではベニテングダケの調合物とされるこのハオマは、ハヤブサが神々から盗んで人間のもとに届けたものだ。ゆえにハヤブサの像は、イランの地では古代から工芸品にしばしば登場し、アケメネス朝とササン朝の酒器や武器にしばしば描かれている。現在のカリフォルニア州では、チュマシュ族がチョウセンアサガオを用いて個人の〝夢をかなえる〟聖霊と接触した。二十世紀初頭にフェルナンド・リブラドが伝えた話では、海で嵐に見舞われたチュマシュ族の船乗りたちが、船長の夢をかなえる聖霊つまりペレグリンハヤブサのおかげで、全員助かったという。文学にも、ハヤブサは夢をかなえる聖霊として登場する。セルビア＝クロアチア語の叙事詩のハヤブサは、嘴に水を入れて運んだり、影を作って日差しを遮ったりして病気の飼い主を守る。

世界樹は、シャーマニズムの数多くの天地創造物語で中心的な要素をなす。天界と地上と冥界を橋渡しし、そのいちばん高い枝にはしばしばハヤブサがいる。たとえば、ハンガリーのトゥルルは生命の樹の頂にとまっていた。北欧神話では、ハヤブサはヴェズルフェルニル、すなわち〝風をうち消すもの〟と呼ばれ、世界樹ユグドラシルのいちばん高い枝にいるワシの嘴にとまっていた。このハヤブサの任務は、天界、地上、冥界で目にしたすべてを主神オーディンに報告することだ。この〝世界樹の頂にいるハヤブサ〟に関連した象徴も、シャーマニズムではよく見かける――棒切れにとまった鳥またはハヤブサの図だ。エドフ神殿のホルスの創造神話は、混沌（カオス）から世界が形作られた経緯を次のように描く。太古の海に浮かぶ小さな島に、形のはっきりしない生命がふたり現れた。ひとりが岸から枝を拾いあげてふたつに折り、片

モンタナ州クロー族の彩色された楯覆い。戦士の守護霊であるソウゲンハヤブサの絵が描かれ、ソウゲンハヤブサの羽の束がつけられている。

方を水際の地面に突き刺した。一羽のハヤブサが暗闇から出現して、その棒きれにとまった。たちまち光がカオスに降り注ぎ、水が引きはじめて島がどんどん広がると、しまいに大地になった。

シャーマンはよく、恍惚状態において鳥に姿を変える。この形になれば、世界樹に飛んでいって鳥の姿の魂を連れ帰ったり、あらたに死んで鳥の姿になった魂を天国へ運んだりできるのだ。ハンガリーのトゥルルは胎児の魂のそばに鳥の形で付き添う。ハヤブサを祖先に持つシャーマンは、その出自にふさわしく、探求の道においてハヤブサに変身できる。たとえば、南太平洋のマレクラ島のシャーマンは星々を讃える歌を詠唱するさい、ハヤブサを模して両腕を広げる。北米の大平原（グレートプレーンズ）の先住民には、神に通じる天空の穴の位置を唯一知る動物はハヤブサだとする伝説がある。ささやき声の問いを聞きつけると、ハヤブサは天空の穴を抜けて飛んでいき、神の答えをもらってシャーマンのもとへ届けに戻ってくるのだ。

魂と結合

バシュキール叙事詩のカラ・ユグラでは、愚かな騎士のクシュラクが、ことばを話すハヤブサを馬の群れと引き換えによそ者に売り渡した。買い主の手に移されると、クシュラクのハヤブサは叫んだ。「わたしを手放したら、幸せが去ります、繁栄も去ります、命も去ります。わたしを手放さないで、クシュラク様、わたしを売らないで、クシュラク様」。ハヤブサの懇願を聞き入れずに馬の群れを受け取ったクシュラクは、ほどなく命を落とした。このまさかと思うような死は、一五九八年に前述のダルキュシアが記したとおり、「古代の人々はハヤブサで人間の魂を表した[13]」事実を念頭におくと理解しやすい。キリスト教以前、イスラーム以前のユーラシア大陸全土で、ハヤブサは人間の魂と関連づけられていた。古代テュルク語族の墓碑には、死んだ戦士の魂が、手にとまったハヤブサとして描かれている。エジプトの『死者の書』は、亡くなった者を飛び去るハヤブサとして描写する――そして古代エジプトの王(ファラオ)は、死後にハヤブサの姿で死んだ肉体に戻ることができた。

こうした関連づけは現在も続いている。中央アジアの一部では、ハヤブサを殺すことはいまなお道徳的に殺人に等しい。二十世紀はじめには、ハヤブサを傷つけることへのこのタブーが、鷹匠にまで拡大されていた。したがって、ハヤブサをはじめ猛禽類を拳に据えた者を傷つけたり辱めたりするなど、およそありえないことだった。二十世紀初頭のカリフォルニアでは、カロク族のスリーダラー・バー・ビリーが、だれであれ、アイクネイチすなわちペレグリンハヤブサを殺した者は年内に死ぬと主張している――彼曰く、つい最近も、家禽を殺すタカとまちがってペレグリンハヤブサを撃ち殺した男がそうなった。さらに「その年、アイクネイチは立ち去る前に、そこかしこ

17世紀後半のハヤブサを象って書かれた祈祷文句。ムハンマド・ファティアブ作。

の町や家を残らず飛んでまわり、検分でもするかのように家々の上にとまっていた」[14]。

ハヤブサと魂の関連づけや、天または神との交流をハヤブサがうながすという考えは、数多くの神話的伝統に存在する。イスラーム神秘主義では、追放者の魂が、いずれ死ぬ運命の肉体に宿るあいだ苦しんで、創造主のもとへ戻りたいと切望する。神に再びまみえるほど清らかな身になるには、困難な道を歩んで霊的生活のレベルを少しずつあげていかなくてはならない。このテーマはイランの大詩人ハーフェズの作品にふんだんに登場する。ある詩で、彼は人間を艱難の都から飛んで戻ったハヤブサになぞらえている。キリスト教の文筆家もまた、霊的結合の隠喩にハヤブサを用いてきた。ダルキュシアは、聖書がハヤブサを瞑想的な人物になぞらえており、その人物は俗事にかかずらわず、「人間界に降りる必要があっても早々に空へ戻る」[15]のだと書いたうえで、聖なる人間はハヤブサの姿で描写されることが多いと説明している。歴史家のジョン・カミンズは著書『猟犬とタカ（*The Hound and the Hawk*）』のなかで、十字架の聖ヨハネが、天空で獲物に結びつけられたハヤブサという主題を自分の魂と神との結合を示す暗喩として用いている点に、明解な注釈をつけている。ハヤブサの前かがみの姿勢には「ふたつの意味がある。ひとつは、ほぼ垂直に舞いあがる勢いをもたらすペレグリンハヤブサの急降下、もうひとつは、魂を神に再び結合させるための自己卑下と個人性の放棄だ」[16]。

この気高き獲物に
近づけば近づくほど
自分が低俗で哀れで

絶望的な存在に思えてきた。
わたしは言った。「だれも手が届かない」
そしてうんと低く低く身をかがめ
おかげでうんと高く高く舞いあがれて
おかげで獲物をつかめたのだ。[17]

霊的結合の意味あいは徐々に変化し、ハヤブサの比喩でエロチックな結合を示すようになった。その一例が、次の中世スペインの叙事詩だ。

飛びたつサギに向かって
ハヤブサが天から降りてきた
そして空中で彼女をつかみ
キイチゴの茂みに捕らえられた。
高い山に
神であるハヤブサが降りてきて
聖母マリアの
子宮に閉じこめられた。
サギがけたたましい悲鳴をあげたので

見よ、端女は天にのぼり
ハヤブサは罠めざし舞い降りて
キイチゴの茂みに捕らえられた。

彼を捕らえた足緒は長く
アダムとイブが編んだひもで作られている。
だが野生のサギが
あまりにゆっくりと飛びたったので
神は天から降りて
キイチゴの茂みに捕らえられた。(18)

性行為はしばしば、ハヤブサと獲物の格闘という隠喩で表現されてきた。トルコの歌では、処女である花嫁とその婚約者の愛の営みが、雌のウズラがハヤブサから逃げようとむなしくあがくさまで表現されている。当然ながら、鷹狩りもエロティックなハヤブサの神話に寄与してきた。タカを馴らすことと女性を誘惑することは、類似の技芸として長らく理解されていた。高校生の多くはシェイクスピアの『じゃじゃ馬ならし』で鷹狩りをはじめて知る。紳士の技芸である鷹狩りが男性の口説きの技芸に隠喩の形で組みこまれている作品だ。ジョン・カミンズがいみじくも指摘したとおり、いずれの行為も、自由な精神をおのれの欲望に屈させたいという男性の妄念をともなうもので、「女性とハヤブサは手なずけるのが簡単だ。しかるべきやりかたで誘惑すれば向こうからやってくる[19]」という中世ドイツの格言をカミンズは引用している。この隠喩は双方向で用いられる。鷹狩りがエロティックな文脈で表現されることも多かったのだ。たとえば、作家のデイヴィッド・ガーネットは、T・H・ホワイトがオオタカを調教するようすは、奇妙にも十八世紀の誘惑物語のように読めると述べている。

もっと言うなら、鷹狩りの付属物——フード、足緒、大緒(リーシュ)といった支配の道具——と、ハヤブサを女主人、鷹匠を奴隷としてしばしば描く言説が相まって、鷹狩りがあからさまなフェティシズム的、マゾヒズム的な文脈で表現されるようになった。「鷹匠は革を使ってヤっている」と、一九八〇年代のカーステッカーに公然と書かれている。同じ時代に書かれた途方もなく怪奇で不穏なまでに性心理的なスリラー、ウィリアム・ベイヤーの『キラーバード、急襲』は、そうした想像物の極致だ。狂った鷹匠が巨大なハヤブサを調教して女性を次々に殺させる。そしてジャーナリストを誘拐し、彼女を〝パム鳥(バード)〟と呼んで、街のポルノショップに作らせた鷹狩り道具の改造版を身につけさせ、調教する。「こうして、彼はハヤブサの調教の全段階を彼女に経させ、調教がじゅうぶんにできたら、自由に空を飛ばせて狩りを行なわせてやる、としじゅう声をかけていた[20]」。最後の劇的な場面は、足緒と鈴をつけら

1950年代のアメリカで、皮肉たっぷりに描かれた性的な関係。

れてほとんど口がきけず洗脳状態にある女性が、自分の誘拐者を儀式的に殺したばかりの光景で、彼女は「彫像、石柱（モノリス）、巨大な鳥さながら」たたずみ、「両腕を大きく広げ、聖職者のような姿勢で、羽を模したケープを巨大な翼よろしく腕から垂らしていた」[21]。

幸いにもこれほどあからさまではない変身と欲望の物語が、ロシア民話『鷹フィニストの羽根〔英語圏では“The Feather of Finist the Falcon”、つまり隼フィニストの羽根〕』に見られる。マリヤはやもめの父親と意地悪な姉ふたりのために家事を切り盛りしていた。姉たちは父親に装飾品や絹をねだった。マリヤは鷹のフィニストの羽しか望まなかった。父親はようやくそれを見つけた。喜んだマリヤは自室に戻って、羽を振る――すると、まばゆい鷹が宙を舞い、りりしい若者に姿を変えた。嫉妬深い姉たちが彼の声を聞きつけ、部屋に押し入ってきたが、フィニストは鷹の姿で窓から逃げる。彼はその後ふた晩マリヤのもとを再訪したが、悲しいかな、三日めの夜に立ち去るその姿を性悪な姉たちが目撃し、鋭いナイフと針を窓枠の外に取りつけてしまう。翌日の夜、何も知らぬマリヤが眠っているあいだに、飛んで部屋へ入ろうとしたフィニストは重傷を負う。そしてさようならの鳴き声をあげ、「ぼくを愛しているなら、見つけてくれ」と告げて飛び去る。そうした物語にはお決まりの展開だが、マリヤは長い旅のすえにようやくフィニストと再会する――そしてもちろん、めでたし、めでたし、となるわけだ。

ハヤブサの変身

インド神話でよく知られたハヤブサの変身物語が『シビ王のジャータカ（本生譚）』だ。雷神インドラ（帝釈天）と火神アグニがシビ王の慈悲心と哀れみの心を試すために、一羽のハヤブサと、それに追いかけられるハトに姿を変える。怯えて疲れきったハトが膝に飛びこんできて、シビ王は守ってやることにする。ところが、ハヤブサが腹を立てる。「わたしは自分の力でそのハトを手に入れたのだし、ひどく飢えているのだ！　おまえには、鳥どうしの争いに口を挟む権利などない。おまえがそのハトを守ったら、わたしは飢え死にする。どうしても守ると言うのなら、引き換えにおまえの肉をハトと同じ重さだけよこせ」。シビ王は承知して、秤を持ってこさせ、ハトをそれに載せる。そして自分の腿の肉をナイフで切り取る。だがハトの重さには足りないので、さらに切り取る。それでもまだ足りない。ハトはどんどん重くなり、王は腕、脚、胸の肉を切り取っていく。そしてついに全身を与える必要があることに気づき、秤の上に乗る。すると天から音楽が聞こえ、かぐわしい神々の食べ物が降ってきて王を包みこみ、傷を癒す。インドラとアグニは神の姿に戻り、王の哀れみの心にいたく満足して、あなたは釈迦に生まれ変わるであろうと告げる。

神のハヤブサへの変身は、北欧ゲルマン神話にも見られる——豊穣の女神フレイヤが、身にまとう者をハヤブサに変えるハヤブサの羽衣を持っていた。だが人類も、神々のように姿を変えてハヤブサになれるのだ。東スラブの英雄叙事詩ブィリーナの英雄はボガティルと呼ばれるが、これは、テュル

ボガティル（英雄）のヴォルフ・フセスラヴィエヴィチが、ハヤブサの姿になったところ。ロシア人画家イワン・ビリービンによる1927年の水彩画。

魔法使いのゲドがハヤブサの姿で飛んでいる。アーシュラ・K・ル=グウィンによるファンタジーの古典『影との戦い』（1968年）のためにルース・ロビンスが描いた挿絵。

ク語やモンゴル語で〝英雄〟を意味することばとかかわりのある語だ。このボガティルのひとり、ヴォルフ・フセスラヴィエヴィチは、輝くハヤブサやハイイロオオカミ、金色の角を持った白い牡ウシ、ちっぽけなアリに姿を変えられた。根底にはシャーマニズム的、神話的な起源が深く潜んでいる。このボガティルの名前は、スラヴ語で〝司祭〟〝魔法使い〟を意味するヴォルフにもかかわりがあるのだ。一九七〇年代、マーベル・コミック初のアフリカ系スーパーヒーローであるファルコンが、キャプテン・アメリカと協力しあい、みずから調教したハヤブサ〝レッドウィング〟に助けられながら悪と戦った。こうした人間‐動物間の変身物語は、長らく評論家たちを魅了してきた。彼らは何を意味するのか。覇権主義的な社会アイデンティティを覆す存在なのか。人間とはいかなるものかと問うているのか。宗教的な、またはジェンダー的な不安を表現しているのか。それとも、こうした変身は、現状を補強する目的で作られた寓話のなかで破壊される役割の怪物を生み出すものなのか。

取るに足らない人間がハヤブサの姿形をまとったら、たいていは痛い教訓を得る。アーシュラ・K・ル=グウィンの『影との戦い』の主人公にして若き魔法使いのゲドは、ペレグリンハヤブサ、すなわち「横縞があって先のとがった強い翼」を持つ〝巡礼者(ピルグリム)のハヤブサ〟に姿を変えて、仲間の女性を八つ裂きにしたばかりの、翼のある悪霊に襲いかかる。それから、海を越えて逃げる――「ハヤブサの翼と、ハヤブサの獰猛さを持って、失速しない矢のごとく、忘れられていない考えのごとく」。突き詰めるなら、ル＝グウィンの小説は、自分の真の姿を認めて受け入れる大切さを綴った瞑想録だ。ハヤブサの姿になって激しい感情を爆発させたせいで、ゲドは窮地に陥る。なにしろ、変身は代価として「自分を見失い、真の姿から遠ざかっていく危険をともなう。本来とはちがう姿でいる時間が長ければ長いほど、危険は増す」のだから。巡礼者のハヤブサになったゲドは、かつての師匠である魔法使いのオジオンを見つけ、その手にとまる。オジオンは彼に気づいて、注意深く呪文を唱え、ハヤブサを人間に戻す――ただし、口がきけず、ひどくやつれ、衣服には海の塩がびっしりついて、「いまは人間のことばが通じない」のだが。

ゲドは激しい悲しみと怒りに駆られてタカの姿形をとった……ハヤブサの怒りと荒々しさはいつしか彼自身のものとなり、飛ぼうとする彼の思いがハヤブサの思いとなっていた……飛びたってからというもの、陽光のなかでも闇に包まれてもずっとハヤブサの翼をまとい、ハヤブサの目を通じてものを見ていたせいで、本来の自分の思考を忘れはじめ、ついにはハヤブサの思考しかできなくなった。どう飢えをしのぐか、どう風に乗るか、どう飛ぶか、頭にあるのはそれだけだ。[22]

ハヤブサを力強さ、荒々しさ、自立、自由の生きた具現化とみなす、あのおなじみの概念により、ハヤブサは自己実現寓話の多くにおいて特別な役割を与えられてきた。文明化した人間と野生の自然との、正しいバランスをとる助力者という役割だ。自己実現にあたってハヤブサから支援、援助される意味が、数々の現代文学や映画ではっきりと説明されている。この場合、ハヤブサは、バランスを保つための分身または、無力な登場人物――多くは、親の愛が欠けているか社会事情のせいで困難に陥っている子ども――の守護動物として機能する。たとえば、バリー・ハインズの『ケス――鷹と少年』のチョウゲンボウや、ジーン・クレイグヘッド・ジョージの『ぼくだけの山の家』に出てくるペレグリンハヤブサの〝フライトフル〟がそうで、このフライトフルを相棒にする都会の子はキャッツキル山脈へ家出し、現代のダニエル・ブーンよろしく自然生活を送ってアメリカ開拓史を再現する。父親に顧みられなかったもうひとりの子ども、二〇〇一年制作の映画『ザ・ロイヤル・テネンバウムズ』に登場する天才テニス・プレイヤーのリッチー・テネンバウムは、モルデカイという名のセーカーハヤブサを実家の屋上に設けた鷹小屋で飼っている。モルデカイは放野されるが、父と息子のあいだで和解が成立すると、ニューヨークの上空からリッチーの拳に戻ってくる。ヴィクター・カニングの小説『隼のゆくえ――スマイラー少年の旅』では、十六歳の孤児スマイラーが、警察の手から逃れて西部イングランドのサーカス一家に身を寄せ、見世物用として檻に閉じこめられているペレグリンハヤブサと特別な絆を結ぶ。このフリアは「ハヤブサ本来の飛翔がいかにすばらしいか……ハヤブサ最大の能力である空気を支配する力がどういうものか……知らない」ハヤブサだ[23]。すべての生き物のなかでとくに、スマイラーは「鳥が好きだった。生きるようすが本物の自由のなんたるかを示しているように見えたからで、このハヤブサが囚われの身であることがやりきれなかった」[24]。フリアは逃げ出し、物語が進むにつれて、若きスマイラーがしだいに力をつけていくさまが、フリアにも反映される。彼女は狩りのスキルを習得し、自由をおおいに楽しむ。そしてスマイラーと同じく、やがて伴侶を見つける。

もうひとり、若きアーサー王もまた己がじつは何者なのかをわかっていない父なし子であり、T・H・ホワイトの小説『永遠の王』の第一部「石にさした剣」で、師匠のマーリンにより〝教育〟の一環としてコチョウゲンボウに変えられる。ホワイトの描写は、中世のおなじみの隠喩を茶化している。ことばを話すタカたちと、鎧をまとったアーサー王の騎士たちは、同じ社会階層、礼儀作法、図像体系を共有する。サヴェジ城の鷹部屋にいるタカとハヤブサはそれぞれ「微動だにしない甲冑姿の騎士の像」で、「羽根飾りのついた兜をかぶり、拍車ならぬ蹴爪で武装して、おごそかに」たたずむ鳥たちだ。この類似性はすばらしく直截的で、あざやかに表現されている。「台架にかけられた帆布の架垂れが礼拝堂の旗よろしくそよ風に重々しく揺れ、恍惚とした貴族めいた空気が、彼らに騎士さながら忍耐強く不寝番を務めさせる」[25]。ホワイトは軍隊と鷹狩りの精鋭たちのモーレスをやんわりと風刺する。マーリンはウォート〔のちのアーサー王〕をコチョウゲンボウに変身させて鷹部屋に放つ前に、いずれ王としてアーサーがどっぷり浸かるはめになる軍人文化の「専門職に耳を傾けて学ぶ」よう勧める。マーリンはこんなふうに指摘する。これら鷹狩りの鳥は

自分たちが囚われの身であるのをわかっておらんのだ、騎兵隊の将校と同じでな。騎士団とか、そ

ウェス・アンダーソン監督の映画『ザ・ロイヤル・テネンバウムズ』（2001年）のポスター。ルーク・ウィルソンが掲げているハヤブサが、撮影中に一羽のハトをニューヨークじゅう追いかけまわし、数日間行方不明になっていた。

ういった専門職に身を捧げたつもりでいる。ほれ、鷹部屋に入れるのはとどのつまり猛禽類にかぎられとるから、それが大きくものをいう。下層のものはけっして入れないのを、彼らは知っておるのだよ。彼らの架垂れつきの台架には、クロウタドリのようなつまらぬ鳥はとまれないのだ。[26]

一九三〇年代、ホワイトは自身も地位や性衝動や出世に不安を抱くみじめな学校教師だったが、仕事を辞めて、森の奥深くにある猟場管理人の小屋に住み、タカを調教する課題に取りかかった。タカの調教を一種の精神分析とみなし、みずからが調教する鳥のように、自分も野性的になれるかもしれないという考えを心に温めていた。なるほど、ハヤブサは鷹狩りの鳥として人類と長らく密な協力関係を結んで――しかも、たいてい最も人間に近い場所すなわち屋内に暮らして――いながら家畜化に抗っており、ゆえにハヤブサをはじめとする猛禽類は多くの文化において強烈な野生の象徴とされてきた。鷹狩りは人類とハヤブサのかかわりをさまざまな形で力強く明確に示してきたわけだが、次章では、T・H・ホワイトが「激情」と呼んで「人はこれを食べ、飲み……追憶のなかですら書くだけで身震いがする」[27]と表現し、ジェイムズ一世が「情熱をいちじるしく掻きたてるもの」[28]と描写した、この事象について探究する。

第三章　調教されたハヤブサ

「鷹狩りはスポーツじゃなく、ウイルスだね」とアメリカ人鷹匠が説明した。わたしたちはふり仰いで、彼が調教したペレグリンハヤブサが晩秋の空に舞いあがるさまを眺めた。「流行病（はやりやまい）だよ」と彼がいたずらっぽく続ける。「数千年前に中央アジアに出現し、いたるところに広がった。そして中世にはもう」ここで、にやっと笑い「きみたちヨーロッパの人間は、黒死病（ペスト）よりも深刻にこの病にやられてしまっていた」。彼のこの持論は簡潔にして、奇抜でありながら、ほぼ予想の範囲内だった。鷹匠はきまって、自分の活動を病的なものとみなす。いわく、鷹匠になるつもりはなかった。なのに自分では抑えきれない衝動に囚われてしまった。〝ひとたび鷹匠になったら一生鷹匠のまま〟というのが、十九世の鷹匠、E・B・ミシェルの名言だ。鷹匠たちは口々に嘆く。鷹狩りがいかに自分の出世をだめにし、結婚生活を壊し、深い心の痛みや骨折りや出費をもたらしてきたか、と。それも、ひどく幸せそうに嘆くのだ。

辞書の定義には、鷹狩りは、調教された猛禽類を使って野生の獲物を捕まえること、とある。だが、この説明だけでは、数千年ものあいだ人類を惑わし驚くほどさまざまな形態を持つ活動の、社会的、感情的、歴史的な魅力を伝えられない。十数世紀前、ペルシアの鷹匠たちは夜にペレグリンハヤブサ

スウェーデンのクリスティナ女王とその鷹匠。セバスティアン・ブルドンが17世紀なかばに描いた油絵。

アブダビ近郊の砂漠にいる若きハヤブサたち。ここでは、朝夕にハヤブサの調教が行なわれる。日差しが熱くなりすぎたら、ハヤブサは日陰で休息をとる。

を飛ばして、月明かりの池や沼から飛びたつカモの群れを捕獲した。また、セーカーハヤブサを調教して、ワシやガゼルといった思いもよらない獲物を捕らえさせたりもした。ルイ十三世はルーヴル宮殿の庭で調教したオオモズにスズメを獲らせた。日暮れには、ペレグリンハヤブサでコウモリを狩った。だが規模、形態、社会的性質のどれをとっても、鷹狩りはいまなお多種多様な営みだ。香草の茂る乾燥地帯では、アメリカの鷹匠たちが、調教したハヤブサにとって最大かつ最高に華々しい獲物、キジオライチョウを探して歩く。アラブの要人はぴかぴかの自家用ジェット機でパキスタンの専用滑走路にハヤブサとともに降りたつ。スコットランドの荒野では、ツイードをまとって雨に濡れそぼった人影が、ヒースを踏みしめながらペレグリンハヤブサを放ってアカライチョウを飛びたたせる。ジンバブエでは、〈ハヤブサ大学〉の学生たちが学課の一環としてハヤブサの調教を行なってさえいる。

なかには、鷹狩りを時代遅れの営み、過去を再現したい熱狂者たちの時代錯誤的な余暇とみなす人々もいる。理由は簡単。メディアが鷹狩りを取りあげるさい、過去の古めかしい歴史を引きずりがちだからだ。だが、鷹狩りには活気あふれる〝いま〟が存在する。日常生活の一部をなす国があるほどだ——アラブ首長国連邦では、人馴れさせるためにハヤブサを地元の市場やショッピングセンターで連れ歩く。アメリカの鷹匠は、鷹狩りのあらたな黄金時代に生きているのだと自認する。今日のイギリスでは、過去三世紀のどの時期よりも鷹狩りの人気が高い。どこの農産物品評会でも必ず鷹狩りの実演があるし、イギリスのラジオで最古の連続メロドラマ『アーチャーズ（*The Archers*）』には鷹匠が登場する。イギリスやヨーロッパの各地で次々に鷹狩りのセンターや学校が開設されている。国際的な、あるいは国内限定、地元密着型の鷹狩りクラブが大盛況だ。アメリカの室内装飾の第一人者、かのマーサ・スチュワートも、グローブをはめた拳にペレグリンハヤブサを据えてテレビに出演した。いまが鷹狩り史における絶頂期か低迷期かを論じても意味はない。鷹狩りはとにかく盛んなのだ。

なぜ、そして、いつ？

人類は六千年のあいだ、いやたぶんそれ以上の期間、ハヤブサを狩りのパートナーにしてきた。鷹狩りがいつ、どこで、どのようにして始まったかについては一致した見解がない。どの鷹狩り文化にも独自の発祥伝説があり、どれも例外なく、自文化の価値観を反映する過去の社会を鷹狩りの誕生の地としている。たとえば一九四三年に、ハーヴァード大学のハンス・エプスタイン教授は、鷹狩りは文明のしるしであり、「未開の民族がふつう動物に注ぐことのない、長時間の余暇、大いなる忍耐、感受性、創意」を必要とするものだと主張した。[1] したがって、よもやゲルマン民族に起源があるはずはない、と彼は断言している。最初の鷹匠はトロイア人であると、十六世紀のヨーロッパ人の多くが考えていた。古典に造詣が深い十九世紀のイギリス人鷹匠たちは、トラキアの鳥追いがタカを使って野鳥を網に追いこむというプリニウスの短い記述を、鷹狩りが古代ギリシアで始まった証拠とした。とはいえ、ギリシア人の狩りに関して網羅的に述べたクセノポンの『狩猟について』には、鷹狩りに関する言及はひとつもない。

6世紀の日本で作られた鷹匠の埴輪。

先ごろ近東の旧石器時代の墓所で猛禽類の骨が発見されたことを根拠に、鷹狩りの起源は有史以前だと主張する者もいる。だが、現代の論評者の多くは、中央アジアの高原で始まったものと考える。そこから東へ伝わって紀元三世紀に中国および日本に達し、通商と侵略を通じて西へ伝播していき西欧に届いたのだ、と。もちろん、鷹狩りが複数の場所でそれぞれ独自に生じた可能性はある。コルテスは、モクテスマ二世がアステカの宮殿に猛禽類を多数集めていたと報告しているが、それらが鷹狩りに使われたものかどうかはいまだ激しい議論の的だ。アラブの学者たちは、はるかイスラーム以前の時代のアル＝ハーリス・ビン・ムアーウィヤ・ビン・サウア・ビン・キンダがタカを最初に調教した人物だと記している。この人物は、鳥追いの網に偶然かかった一羽のハヤブサに魅入られて自宅に連れ帰り、腕にとまらせてあちこち連れまわった。ある日、ハヤブサが腕から離れてハトを捕まえ、翌日にはノウサギを獲った――かくして鷹狩りが誕生した、というわけだ。鷹狩りはまた、聖クルアーンに認められる光栄に浴している。

彼らは何が許されるのかと汝に問う。彼らに言え、よき物はすべておまえたちに許されている。アッラーの教えどおりに調教された肉食鳥獣［すなわち、ジャーリフ］が捕らえる獲物も許されている。かかる獲物を食べ、アッラーの御名を唱えよ。しかしてアッラーを畏れよ。アッラーの清算は迅速なり。

一九三〇年代に、イギリス人鷹匠のギルバート・ブレイン大佐が、自分や仲間を支配する奇妙な鷹狩り熱について説明を試みた。「真の鷹匠は作られるのではない、生まれるのだ」と彼は言いきっている。「特定の個人が持って生まれた心の奥深くに、タカへの自然な愛着を掻きたてるなんらかの資質」が存在する。その資質がどういうものかに思いをめぐらせ、たぶんこのスポーツを追求していた「祖先より受け継いだ本能」だろうとブレインは結論づけた。(2) そして、どことなく誇らしげに、自分や友人たちが幸運な家系であることを示唆する。というのも、彼の時代の「本物の鷹匠」の祖先は残らず貴族階級なのだから。「無教養な血筋の者は、［鷹狩りの］神秘を探求しようとはしない。教養のある人々のあいだでも、高貴なるハヤブサの使用および所有は、排他的な特権として貴族階級にかぎられる[3]」。

鷹狩りにおけるハヤブサ

ブレインのことばは、自身の社会的先入観にどっぷりつかっているが、ハヤブサは貴族階級の鳥であるという考えは、多くのハヤブサ文化で不動のものだ。「その落ち着いた身のこなし、高貴で冷静なたたずまい、頼もしさが、ハヤブサをほかのどんなタカともちがわしめている」と、アメリカ人鷹匠のハロルド・ウェブスターが一九六〇年代に記したが、こうした心情は近代の鷹匠のそれとほぼ見分けがつかないし、同じくらい規範的な社会要素をはらんでいる。「いままでも、これからもそうだ。彼らに匹敵する存在はひとつもない」。ハヤブサを使った狩りはきわめて社会的な営みであり、「雄大で騒々しく壮観にして麗しく胸躍らされる」。ゆえに「友人や仲間との遠出を好む外交的な者をとくに魅了する[4]」。近代ヨーロッパでは、今日の狐狩りと同じく、ハヤブサを用いた鷹狩りは多数の随行者と広大な土地を要する壮麗な社会的行事だった。ウェブスターもまた、鷹狩り社会の何世紀にもおよぶ地位の継承者であり、ハヤブサをきらってハイタカやオオタカといった翼の短いタカで狩るのを好む者は「内向的な性質」で「小川の岸や生け垣や野原の片隅のひそやかな入り組んだ場所にひとりで行くのを好む」と書いている[5]。たしかに、十三世紀には、ハヤブサではなくタカを飛ばす者を意味する単語、オーストリンガー（austringer）が中傷語だった。

では、〝雄大で騒々しく壮観にして麗しく胸躍らされる〟とウェブスターが描写したこの活動は、いったいなんなのか。このスポーツは——あるいは芸術、天職など、どう定義するにしろ——ファルコンリー（falconry）だが、なんであれ猛禽を用いて狩る行為はホーキング（hawking）になる。そもそも、ハヤブサは獲物を追うよう調教されるわけではない——彼女は本能的に追うのだ（西洋の鷹狩り界では、ハヤブサはすべて〝彼女〟で表現される。車や船や飛行機と同じだ）。鷹匠の務めは二つ。ハヤブサを馴らし、獲物を追う作法を確立させ、追撃が失敗に終わったときに戻ってくるよう調教すること。ハヤブサはけっして獲物を回収しない。ハヤブサが何かを捕らえたら、鷹匠はそこへ駆けていき、手柄を褒めてやりながら、死んだキジなりカモなりライチョウなりをそっと獲物籠へ回収しなくてはならない。数か月にわたる作業と準備を経たのち、鷹匠の務めは、ジム・ウェイバーが簡潔に表現したとおり、とにかく「生来の能力を最大限発揮できる条件をハヤブサに与えてやること」になる。[6]

空中戦

ハヤブサはどちらかのスタイルで飛ぶよう調教される——鷹匠の拳からじかに獲物を追跡するか、高い場所から獲物めがけて急降下するか。前者の追跡飛翔、いわゆる〝フードから飛びたつ〟スタイ

バルチスタンの砂原でフサエリショウノガンを追いかけるセーカーハヤブサ。フサエリショウノガンはときおり、追跡者のほうへ急降下してさっと攻撃をかわす。

ルでは、鷹匠はあらかじめ獲物を見つけてからフードをはずしハヤブサを放つ。アラブの鷹匠はこの方法でフバーラー（フサエリショウノガン）やカロワーン（イシチドリ）めがけて自分たちのハヤブサを飛ばす。砂と石の色にみごとに似せたこれらの鳥は、人間の目ではかなり見つけにくい。そこで探査役のハヤブサ、たいていは老獪なセーカーハヤブサを使って獲物を見つけ出し、べつのハヤブサに追わせることが多い。地平線に目を走らせて遠くの獲物に目を留めると、セーカーハヤブサは頭を上下に動かし、羽毛をきゅっと引き締め、ひたすら凝視する。

現代のヨーロッパでは、この追跡飛翔はハヤブサとハシボソガラス、あるいはミヤマガラスのあいだで最もよく見られる。獲物はときに旋回飛行して数百メートル上昇し、ハヤブサよりも上空の位置を保とうとする。ハヤブサのほうもなんとか獲物の上へ飛び、そこから急降下して襲いかかろうとする。こういった形でうんと高く飛ぶことを、オー・ヴォル——高高度飛翔——と呼ぶ。近代ヨーロッパでは鷹狩りの極致であり、確実にこの形を実現するために、

ミヤマガラスに襲いかかるペレグリンハヤブサ。カール・ヴィルヘルム・フリードリヒ・バウアレ（1831～1921）による鉛筆画。

オー・ヴォル、すなわち高高度飛翔が、19世紀に会員制のロイヤル・ルー鷹狩りクラブによって復活され、オランダのフェルウェ地域のヒースの野でペレグリンハヤブサにアオサギを襲わせた。アオサギの多くは、捕獲後にまた野に放たれたものだ。

ペレグリンハヤブサまたはシロハヤブサにツル、アオサギ、トビを襲わせていた。こうした高所での空中戦は、人間の政治的、軍事的戦略や力による駆け引きを反映するものとみなされた。詩人のジョージ・ターバーヴィルに言わせると、タカにアオサギを狩らせるのは〝国家的ゲーム〟であり、ウィリアム・サマーヴィルは、その言外の意味を最大限に利用した。その詩「野外スポーツ」では、貴族、村人、牧童がそろって〝野生の驚異〟に釘づけになる、ハヤブサとアオサギの〝空中戦〟が描写されている。

ハヤブサは宙を舞う
泰然とし、自信に満ちて大胆不敵
雲のごとく覆い被さるや、一撃を食らわす
死すべき運命の頭めがけ、全力で。
油断怠りなきアオサギは
赤々と夜を照らす流星のごとく
さっと身をかわし、鉤爪から
そして尖った嘴から逃れ、大きく距離をあける
見守る群集はみな、この大いなる戦いに
釘づけになり、それぞれの胸に
心地よい希望の光が灯る。平民も高貴なる者も

いまや等しく嬉々として、自由を分かちあい
喜びをともにし[7]……

この活力にあふれ手に汗握る大空の追跡劇に比べると、西洋の鷹狩りのお家芸である待機飛翔は、入念で格式張った営みだ。この場合、ハヤブサは高高度で待機するよう調教され、ことによると鷹匠から三〇〇メートルもの上空で円を描いて、獲物――たいていはカモ、あるいはキジ、ヤマウズラ、ライチョウといった猟鳥――の群れが下を通過するのを待つ。獲物が通りかかると、鷹狩りの醍醐味はがぜん明らかになる。獲物を発見したハヤブサが、嘴を垂直にさげ、獲物めがけて迎撃コースをすさまじい速さで降下する。ハヤブサが高高度から大空を数キロにわたって横切りつつ急降下する音を耳にしたら、畏敬の念を禁じえない。布を引き裂くような、名状しがたい鋭い音なのだ。ハヤブサが大気を切って突進すると、航空ショーやF1レースの観客にはおなじみのアドレナリンの奔流が、当然の影響を見物人におよぼす。「まさに鳥のなかの鳥だ」と、鷹匠のアルヴァ・ナイは感嘆の声をあげた[8]。獲物が追いつかれてハヤブサのひと蹴りでたちまち殺されるのは、避けられないことに思える。だが、じつはちがう。追跡劇の多くは、獲物が逃げ、ハヤブサが鷹匠のルアーに戻って幕を閉じる。ルアー――片端になめし革か乾燥させた翼をつけた長い紐――は調教にも使われ、ハヤブサに空中でこれを追わせる。『じゃじゃ馬ならし』の読者にはなじみのある道具だが、この作品には、意味のよくわからない鷹狩り用語がたくさん登場する。シェイクスピアが執筆活動をしていたのは、ヨーロッパの鷹狩り全盛期、つまり専門用語が途方に暮れるほど複雑だった時代だ。上流階級の活動の例に漏

1940年代のこの写真で、アメリカ人鷹匠のスティーヴ・ガッティがペレグリンハヤブサをルアーで調教している。

れず、鷹狩りの用語と作法が門番的な役割を果たしていた。それらの習熟が、社会的に高い地位である証明になったのだ。たとえばイエズス会のスパイだったサウスウェル神父は、鷹狩り用語を忘れて正体をさらけ出すのをひどく恐れていた(9)。

鷹狩り道具、多種多様な飛翔のスタイル、ハヤブサの肉体のあらゆる部位に、それぞれ専門の用語が存在した。鉤爪にはパウンス（pounce）、指にはペティ・シングル（petty single）、翼にはセイル（sail）、腹毛にはメイル（mail）、といった具合だ。ハヤブサがくしゃみ（スニーズ）をすると、スナート（snurt）したという。こうした用語のいくつかは、いまも鷹匠たちが使っている。ハヤブサの雛はアイアス（eyass）で、若い野生のハヤブサはパッセイジャー（passager）。着地はピッチ（pitch）だし、ハヤブサは空高く昇る（クライム）のではなく、マウント（mount）する。嘴をこする動作はフィーク（feak）で、体を震わせるのはラウズ（rouse）だ。

本来の意味があいまいになって、今日ではもっと一般

鷹匠たちはシェイクスピアを仲間だと主張する。このJ・E・ハーティングの1864年の著書『シェイクスピアの鳥類学』の扉絵は、遊び心たっぷりに、有名なチャンドス肖像画にハヤブサをつけ加えている。

的な意味で使われるものもある。タカが水を飲むのは、バウズ（bouse）、あるいはブーズ（booze）〔ともに〝酒を飲む〟という意味〕。ティッドビット（tid-bit）〔うまい食べ物のひと口〕は、ハヤブサに与えられる肉片のことだ。キャッジ（cadge）〔物乞い〕は戸外でとまらせる枠で、ハガード（haggard）〔凶暴な〕は野生のハヤブサの成鳥であり、ゆえに調教するのがむずかしい。そしてロンドン中心部では目をみはるほど高価な建物によく使われているミュウ（mew）は、もともと夏季の換羽の時期に猛禽を収容するための建造物だった。

鷹狩り道具

用語は素人には難解だが、鷹狩り道具すなわち〝ファニチャー〟は、わりあい単純でごく実用的だ。たぶん、何よりもなじみ深いのは薄い革のフード（覆い）だろう。ハヤブサの頭にかぶせると、いっさいの光を遮断し、狩り場での役割とはべつに、調教途中の個体や神経過敏な個体から怖い光景を遮るという気の利いた用途がある。デザインは多様で、インドのヤギ皮のフード、アラブのやわらかい

ディドロとダランベールの1751年版『百科全書』の図版。鷹小屋（上）と鷹狩り道具（下）が示されている。道具の内訳は、架垂れつき台架が一点、ダッチフードが二点、ラフターフード〔捕獲したばかりのハヤブサに一時的にかぶせるフード〕が一点、芝を貼ったブロックが二点、野外へハヤブサを運ぶための外架が一点。

フード、側面が彩色されて羊毛や羽根の飾りがついた固くて重いダッチフードなど、枚挙にいとまがない。職人技を持つ現代の鷹匠たちは、鋳型を用いたみごとなしあげのハイブリッド版をこしらえている。たいていは飾りつきの古い型よりはるかに軽く、ハヤブサにとってつけ心地のいいものだ。

ハヤブサはふつう、革のグローブをつけた左の拳にとまらせる。アラブの鷹匠は編んだマンガラ、すなわち袖カバーにのせて運ぶ。左の拳にのせる理由は定かではない。案にたがわず、中世の聖職者たちは霊的な意味が存在するものと考えた。ある文献によると、ハヤブサを左手にのせるのは、獲物を探すにあたって右のほうへ飛ばなくてはならないからだ。

左は一時的な事物を表し、右は永遠なるものすべてを表す。左側に座するのは一時的な事物を統べるものであり、心の奥深くで永遠の事物を求めるものはみな右へ飛ぶ。ここなるタカはハトを捕まえるであろう。すなわち、よき存在に向かうものは聖霊の恩寵を賜るのだ。[10]

鷹匠がハヤブサを捕まえておく長い脚紐は、アラビア語でサブークと呼ばれ、編んだ絹か組紐でできている。西洋でこれに相当するのは足緒で、やわらかい革でできている。家では、その端を金属の猿鐶（スイベル）にくくりつけてよじれを防ぎ、猿鐶は大緒につないである。そして大緒は、鷹匠結び――当然の理由から、片手でたやすく結び解きができる結びかた――を用いて、架（パーチ）やブロックに結びつけてある。

何世紀ものあいだ、ハヤブサの脚や尾に銀または真鍮の小さな鈴がつけられ、野外での鷹狩り中にハヤブサの位置を知らせる役割を果たしてきた。この鈴の音は、風下であれば八〇〇メートルかそこ

因習的な鷹狩りのイメージ。ペレグリンハヤブサの幼鳥が、足緒、ラホール鈴、羽飾りのあるダッチフードを身につけている。

アラブ首長国連邦で、鷹匠のカミーズが、調教中の若いハヤブサをワクルすなわち架から持ちあげてなだめている。

ら離れても聞こえた。一九七〇年代に、アメリカの鷹匠兼エンジニアたちがハヤブサの尾や脚に装着できる小型無線送信機を開発した。数キロの遠距離からも受信できるので、ハヤブサを失う恐れが大幅に減った。遠隔計器は、鷹狩りが以前から活発で一般的な文化活動でありつづけているペルシア湾岸諸国の鷹匠から、熱烈に歓迎された。逆に、ヨーロッパの鷹匠の多くはこのあらたな発明品に嫌悪感を抱いた。ほかのもっと現代的な狩りの手法にくらべて少数派の営みだからか、ヨーロッパの鷹匠は鷹狩りについて豊かな文化的伝統と長い歴史という観点でその正当性を判断し、定義づける傾向がある。彼らはふつう、歴史的に古いものを正しい道具とみなし、確立された伝統的手法への脅威は鷹狩りそのものへの脅威と考えがちだ。とはいえ、いまでは、これら反現代主義的な不安はおおむね解消されたように見える。今日、ハヤブサの多くは最先端の無線送信機をそれとわからない形で尾につけて飛んでいる――たいていは、パキスタンでつくられた古式ゆかしいデザインの真鍮製ラホール鈴のすぐそばに。変化がいかに大きくても、本質は変わらないものなのだ。

ハヤブサの調教

新しいハヤブサがフードをつけて架にとまった姿を目にして、鷹匠が抱く第一印象は、〝野生そのもの〟だ。少しでも体に何かが触れたり音が聞こえたりすると、羽毛を逆立ててヘビよろしくシューッという声をたてる。ハヤブサの調教では、前向きな要素をひたすら積み重ねる。けっして罰してはならない。群れをなさないので、イヌやウマなど社会的な動物にはおなじみの階層的な支配関係が理解できないのだ。トウィーズミュア卿が一九五〇年代に記したとおり、ハヤブサは鳥類の貴族であるという気持ちを持ちつづけるべし。

あなたを主(あるじ)とみなすタカはいない。せいぜいが、食べ物をくれて世話を焼いて楽しい狩りに連れていってくれる仲間という認識だ。誇り高き傲然(ごうぜん)たるハヤブサの顔をひと目見れば、いやでもその事実に気づかされる。実のところ、あなたは僕(しもべ)になるのだ。[11]

死をもたらす女王とトウィーズミュアは描写しているが、ハヤブサはときに豊かな愛情を示すことがある。ペルシア湾岸諸国には、名前を呼ばれたら、屋内の架から跳びおりて鷹匠のもとへ走ってくるハヤブサもいる。イギリスの鷹匠にして著述家のフィリップ・グレイシャーが飼っていたペレグリンハヤブサは、夜に書棚の上で眠り、朝になるとベッドへ飛びおりて、耳を噛んで彼を起こした。べつのイギリス人鷹匠フランク・イリングワースには、飼い犬の背中に乗って庭を散歩するペレグリンハヤブサがいた。また、シロハヤブサはテニスボールやサッカーボールで楽しそうに遊ぶ。

ハヤブサを連れた騎士。15世紀の『コデックス・カポディィリスタ』より、羊皮紙に描かれたテンペラ画。

では、どうやってハヤブサを調教するのか。近代の作家たちがその極意をみごとに表現している。鷹匠は鳥の〝胃腑〟、つまり食欲と体調につねに注意を払うべし、と。なるほど、ごく基本的な意味で、ハヤブサはその胃袋を通じて――鷹匠と食べ物を結びつけることで――調教される。空腹でないとき、つまり元気がありあまっているとき、ハヤブサは獲物を追いかけたり、鷹匠のもとに戻ったりしても意味がないと考える。逆に、痩せすぎている、つまり本調子ではないハヤブサは、スリル満点の鷹狩り

たくさんの飾りを施されたルアーとフード。神聖ローマ皇帝マクシミリアン一世（在位1493〜1519年）の宮廷より。

の醍醐味である〝内なる衝動が肌で感じられる飛翔〟を行なうエネルギーがない。ハヤブサの体調には、おびただしい不確定要素がかかわってくる——天候、季節、調教の段階、与える食べ物の種類、運動量などなど。鷹匠はさまざまな面から体調を見極める。計測が可能な要素もある。たとえば日々の体重がそうだ。逆に、長年の経験で蓄積された、ことばでは表せない知識が必要なものもある。たとえば、ハヤブサの胸骨周辺の筋肉量を触って確かめたり、姿勢や態度、毛並み、さらには顔の表情といったものまで感じとったり。

ハヤブサを手なずけて調教するのは、熟練を要する真剣な営みだ。ペルシア湾岸諸国では、毎秋、鷹匠が新しいハヤブサを首長（シャイフ）や皇子のもとに連れて行く。長い会議が行なわれ、各ハヤブサの性質や状態がきびしく値踏み、査定、評価される。こうした鷹狩り文化では、ハヤブサが手なずけられるのは早い。つねに鷹匠の拳か近くの架にいて、人間の日常生活にすっかり溶けこむ。当初のストレスは大きいが、この手法を用いればハヤブサはすぐに人馴れして多少のことでは動じなくなる。近代ヨーロッパでも、〝ウェイキング〟と呼ばれる同様の手法が一般的だった——新しいハヤブサが恐怖を克服してよく眠れるようになるまで、だれかの拳につねにのせておくというものだ。

　今日の西洋では、ハヤブサの調教ははるかにゆっくり行なわれる。まったく馴れていない最初のうちは、鷹匠が体に触れるのは拳の上で食べ物を与えるときだけだ。やがてハヤブサは鷹匠と食べ物を結びつけて考えるようになり、架から拳に跳び乗ってくる。餌につられてジャンプする距離がしだいに広がり、ほどなく鷹匠のもとへ羽ばたいて来るようになる——最初は忍縄（クリーアンス）と呼ばれる細い紐をつけたままで、じきに何もつけずに。アラブ、西洋いずれの鷹狩りでも、フリーフライトさせる〔紐をつけずに自由に飛ばす〕ハヤブサはルアーに戻るよう調教してあるが、なんとも独創的なハヤブサの回収手法が存在する。鷹匠のロジャー・アプトンが、サウジアラビアの砂漠で唯一の明かりが焚き火だった時代の逸話を紹介している。当時、ベドウィン族のとある鷹匠が、焚き火のすぐそばにかぎってハヤブサに餌をやるようにしていた。このハヤブサは鷹狩りの遠征中に迷子になると、夜であっても、心配した鷹匠が焚いた巨大なかがり火を目印にしてちゃんと戻ってきた。毎春、鷹匠は繁殖のためにこのハヤブサをヒジャーズ山脈に放ち、毎年十月にまた山脈を訪れては、巨大なかがり火を焚いて捕獲しなおしたという。

〝これほど頻繁に行なわれるものはない〟

五百年あまりのあいだ、鷹狩りはヨーロッパ、アジア、そしてアラブ世界の各地で絶大な人気を誇っていた。だが膨大な文化的資本を必要とした。歴史家のロビン・オギンズは、近代ヨーロッパの鷹狩りを誇示的消費のほぼ完璧な事例とみなしている。「費用も時間もかかるうえに実用性がなく、これら三つの観点から、その従事者は上流階級に位置づけられる」[12]。たしかに費用はかかる。それも、膨大に。十三世紀のイングランドでは、ハヤブサ一羽の値段は騎士の年収の半分に相当した。四百年後、ロバート・バートンは鷹狩りほど「頻繁に行なわれるものはない」し、「拳にタカを据えていない者は取るに足らない人間だ。大いなる芸術であり、これについて多くの書籍が執筆されてきた」と主張した。[12] ヨーロッパの紳士階級には、従軍中だろうが、公務中だろうが、とにかく毎日鷹狩りを行なう人々がいた。ヘンリー八世は天気がよければ午前も午後も鷹狩りに出かけ、あるときなど、鷹狩り中にあわや沼地で溺死するところをお付きの鷹匠に引きあげられたという。中世のスペイン人鷹匠ペロ・ロペス・デ・アジャラは、鷹狩りを帝王学に欠かせない要素とみなした。というのも、病気や堕落を防ぎ、我慢強さ、忍耐力、技能を必要とするからだ。長いヨーロッパ史の大半において、鷹狩りは若さと活動的な生活を体現するものとされ、上流階級の営みの例に漏れず、風刺に満ちていた。チューダー朝の外交官にして文人のリチャード・ペイスは、一五一七年の著作『教育の恩恵（*De*

シロハヤブサを拳に据え、黒貂の毛皮と赤い革をまとったこの人物は、ヘンリー八世の鷹匠、ロバート・チェスマンだ。ハンス・ホルバイン（息子）による1533年の絵画。

Fructu qui ex doctrina percipitur)』のなかで、次のせりふをある貴族に言わせている。「角笛をうまく吹き、たくみに狩りを行ない、タカを優美に連れ歩き調教してこそ、紳士の息子になれるのだぞ！　文学の勉強など、農夫の息子にやらせておけばいい[14]」

鷹狩りは観照的生活（ヴィータ・コンテンプラティーヴァ）の対極ではあるが、聖職者も熱心な鷹匠だった。フランス人鷹匠のダルキュシアは、「信仰心の篤い者」は「たゆみない勉学によって、または懸念を数多く抱えたせいで、以前より活力が低下した」精神を高揚させるために、鷹狩りに出かけるべきだと唱えた[15]。五〇六年、五〇七年、五一八年の公会議で司祭や司教が鷹狩りを行なうことがきびしく禁じられたが、聖職者たちは帰依者（デヴォ）（devot）という単語が自分たちにあてはまらないよう、わざとまちがって解釈した。教皇レオ十世は筋金入りの鷹匠で、どんな天候でも必ず鷹狩りをした。「きわめて熱心な……狩猟家で、だれであれ鷹狩りの務めを怠った者……はその憤怒を免れなかった[16]」とダルキュシアが記している。ウィンチェスターの司教であるウィカムのウィリアムは、修道女たちが礼拝堂へハヤブサを連れこむせいで礼拝が妨げられると嘆いたし、中世のイーリーの司教は聖具室から自分のハヤブサが盗まれたのを知ってかんかんに怒り、猛然と大聖堂へ戻って、犯人を破門すると息巻いたという。

世界の隅々から

神聖ローマ帝国ホーエンシュタウフェン朝の皇帝、フリードリヒ二世は、破門されたのちも十字軍遠征を率いたことで名高い。同時代の人々からは世界の驚異（ストゥポール・ムンディ）と呼ばれた。現代の鷹匠たちは〝フレッド二世〟という呼称で親しみ、世界史上最高の鷹匠とみなして、十三世紀に彼が記した大部の『鷹狩りの書』にいまなお実用的な助言を求めている。このフリードリヒ二世の宮廷を介して、東洋の鷹狩りの技法と技術がヨーロッパに持ちこまれた。皇帝の通訳を務めるアンティオキアのテオドロスがアラビア語やペルシア語で書かれた鷹狩り関係の著述をラテン語に翻訳し、アラブ、イギリス、スペイン、ドイツ、イタリアの鷹匠が「莫大な費用で」雇われたのだ。フリードリヒ二世は次のように記している。

> 余は……世界の隅々から鷹狩りの技能に通じた名匠を呼び寄せた。余の領土でこれらの専門家を歓待するかたわら、助言を求め、その知識の重要性を吟味し、価値あることばや行動を記憶に留めようとした。[17]

神聖ローマ帝国ホーエンシュタウフェン朝の皇帝、フリードリヒ二世（在位1215〜50年）とその鷹匠のひとり。19世紀の作品。

千年以上にわたり、鷹狩りの技術や知識が異なる文化間で交換されてきた。ヨーロッパの騎士は十字軍遠征にハヤブサを携行し、敵側の人間からフードのかぶせかたを学んだ。かたや現在のシリアの地では、ウサーマ・イブン・ムンキズが十二世紀のはじめに、いまや猟場がフランク族の領土に接しているせいで、鷹狩りの遠征に余分な馬や随行者や武器が必要になったと嘆いている。鷹狩りの象徴体系は両文化間でおおむね共有されていたので、どちらの文化でも権力闘争や対立をすぐに理解することができた。リチャード一世は包囲されたさい、敵方のサラディンに使者を送って、飢えたハヤブサに与える食糧を求めた。サラディンはただちにハヤブサのためだけに最高の家禽を届けた。一一九〇年のアッコ包囲の最中、フランス王フィリップ二世ご自慢のシロハヤブサが大緒を抜け出し、都市の城壁の上めざして飛んでいった。フィリップは愕然とした。ハヤブサの返還を求める使節は拒まれ、らっぱ手と軍旗と伝令をつけた第二の特使が、逃げたハヤブサと引き換えに一〇〇〇クラウン金貨を贈るとサラディンに申し出たが、結果は同じだった。

近代になると、ヨーロッパの旅商人や外交官たちが、遭遇した鷹狩りの伝統に畏怖の念と困惑を覚えた。マルコ・ポーロは鷹狩りに精通していたが、中央アジアでの規模の大きさに驚かされた。恐れ入った調子で、偉大なるハンの鷹狩り遠征には一万名の鷹匠が随行したと述べている——文字どおりには受けとめかねるが、相当な数にのぼったのはまちがいない。鷹狩りに出かけるさい、偉大なるハンは四頭もの象に運ばれた。象たちの背に、金糸織りの布を内側に張りめぐらし外側をライオンの毛皮で覆った大天幕が載せられたのだ。「フビライ・ハンの鷹狩りの遠征には、こうした設備も必要になる」とマルコ・ポーロは書いている。「痛風による足の痛みにひどく悩まされているからだ」。

この大天幕のなかに、最高のシロハヤブサを一二羽携え、ひいきの侍従を気慰みや話相手として

シロハヤブサを連れて騎乗する鷹匠。15世紀後半のガッシュ画。

一二名はべらせている。ツルなどの群れが近くを通りかかると、かたわらの騎手が知らせる。するとハンは天幕の覆いをあげて、獲物を確認するやシロハヤブサを放ち、そのハヤブサたちがツルの群れを長々と追いかけて狩る。ハンは居心地のよい長椅子に横たわって、まわりの侍従や騎手とともに、この光景を眺めていたく愉しむ[18]。

ペルシアの王族は鷹狩りを愛するあまりスズメやムクドリまで調教して蝶を捕まえさせたと、探検家のサー・リチャード・バートンは記録している。十七世紀の終わりごろ、イギリスへ亡命したフランス人旅行家のジャン・シャルダンがペルシア人鷹匠の能力におおいに感銘を受けた。彼らは「どこの町でも野でも年じゅう見られ……手にタカを据えて行き来している」。シャルダンはここで、なごやかとは言いがたい奇妙な伝統を耳にする。どうやら、かつてはハヤブサに殺人をしこむのが一般的だったらしい。驚きをにじませて、彼はこう綴っている。「聞くところによると、いまなお、王の鳥小屋にはそうした鳥がいるようだ。じかに目にしてはいないが、懇意にしていたタウリス〔イランのタブリーズの古名〕の太守、アリー・クーリー・カンは、友人を失ってもなお、この危険で残酷なスポーツを楽しむのをやめられなかった[19]」。

鷹狩りの伝播範囲は途方もなく広かった。十六世紀および十七世紀には、鷹商人がフランス宮廷に、フランドル、ドイツ、ロシア、スイス、ノルウェー、シチリア、コルシカ、サルディニア、バレアレス諸島、スペイン、トルコ、アレクサンドリア、地中海南岸諸国（バルバリア）、インドからハヤブサを持ちこんだ。第五代ベッドフォード伯爵は北アフリカ、ノヴァスコシア、ニューイングランドからはるばるタカを輸入した。ヨーロッパ諸国の多くにおいて、貴族だけが国内産のハヤブサの利用を許されていた。十六世紀のイングランドでは、外国産のタカが贅沢品に分類され、一ポンド〔約四五〇グラム〕につき一シリングの輸入関税が課せられたせいで、密輸が横行した。

だが、十七世紀末には、ヨーロッパで鷹狩りの人気が翳りだした。ルイ十三世は例外で、ほぼ毎日鷹狩りをするほど熱中したうえに、タカでクロウタドリやツグミを狩る楽しみを描いたバレエ劇『ラ・メルレゾン』の台本まで書いた。とはいえ、ハヤブサを外交の贈り物とする慣例は十八世紀にしだいに消えていき、フランス革命後は、鷹狩りが王族や貴族階級とつながりが深かったことも災いした。地主は鷹部屋をべつの用途に変えた。新しいスポーツ——銃猟、狐狩り、競馬——がはやった。十九世紀には、ヨーロッパの鷹狩りはごく少数向けの娯楽となり、愛好者が結束して鷹狩りクラブを立ちあげた――こうした変人たちのひとりに、画家のアンリ・ド・トゥールーズ＝ロートレックの父親がいた。トゥールーズ＝ロートレック・シニアは、拳にハヤブサをのせ、シャツの裾をはためかせてアルビの通りを歩きまわった。「たぶん、信仰による救いを自分の猛禽たちから奪いたくなかったのだろう、父はよく聖水を飲ませていた」と息子のアンリは書いている[20]。

帝国の鷹狩り

それでも、鷹狩りはほかの地域ではまだ行なわれていた。一九一三年に、アメリカ人作家のウィリアム・コフィンが、ヨーロッパでは「中世志向の少数のスポーツマンによる気まぐれとして……存在するにすぎないが、鷹狩りの発祥地とされる東洋では、いまなお盛んである」と説明している[21]。十九世紀から二十世紀初頭にかけての著述家は、非西洋文化で鷹狩りが続いている事実を、そうした文化が西洋よりはるかに遅れている、それどころか歴史の進歩から完全にはずれている証拠として、しばしば示した。帝国の時代には、鷹狩りがさらなる役割を担うこととなった。なおも多くの国でエリートや支配階級のスポーツだったことから、世界のあちこちで社会的な支配層の現地化をうながしたのだ。十九世紀の英領インドでは、狩りを熱愛する将校が鷹狩りに手を染め、地元の鷹匠を雇った。彼らはこのスポーツを楽しむだけでなく、エリートとしての社会的地位を固めて配下のインド人兵士の忠誠心を勝ち取る手段とみなした。パンジャブ地方北部では、国境守備隊（騎兵と歩兵）がセーカーハヤブサを連隊内で飼育し、将校がこれらでレイヨウやフサエリショウノガンを狩った[22]。第八八コノート特殊部隊のE・デルメ＝ラドクリフ中佐が、わが子の産声を耳にして「大変だ！　うちのハヤブサが猫に狙われてる！」と叫んだのは有名な話だ[23]。E・H・コブ中佐は一九四〇年代にカシミールのギルギット駐在官を務めているときに、弾薬不足で猟銃によるヤマウズラ猟ができないせいで、やむなく鷹狩りを始めた。ところが、少なくとも鷹狩りでは「地元の有力者たちが快くイギリス人将校に便宜をはかってくれる」のをほどなく発見して喜んだ[24]。鷹狩りは「太古より王侯のスポーツとみなされ、これを行なうのにヒンドゥークシ山脈の封建領主ほど恵まれた環境はない……なにしろ、鷹狩りにうってつけの広い猟場を支配して大編成の鷹匠を指揮できる権力を有しているのだから」と彼は嬉々として書いた。そして、こと鷹狩りに関しては「アジアの手法もわれわれの手法とよく似ている」とつけ加えた[25]。

帝国の時代のこうした描写は概して、各文化間で鷹狩りの社会的機能がいかに異なるかを理解する意欲を失わせた。この種の無知蒙昧はいまも目にする。今日ですら、ペルシア湾地域では遊牧民族が乏しい食糧を補う蛋白源を得ようとして鷹狩りを始めた、という説明を見かける。実用性を理由とするこの説明は、十九世紀の論評者の多くと同じく、文化的なニュアンスに目を向けていない。ベドウィンの文化では、鷹狩りがつねづね宗教的、社会的にいちじるしく重要視されてきたし、本質的に平等であること、自制や寛大さといった資質をうながすことからいまも高く評価されている。いかなる出自の鷹匠も、鷹狩りの遠征では対等な立場として砂漠で出会い、体験談や食糧を分かちあえる。その間（かん）、彼らのハヤブサは焚き火に照らされてまどろんでいるのだ。

野に繰り出すアルジェリア人鷹匠たち。19世紀後半、鷹狩りをロマンティックで東洋的なものとして描くのが一般的となった。このギュスターヴ・アンリ・マルシェティによる1898年の絵画はその最たる例だ。

セーカーハヤブサとラナーハヤブサで鷹狩りをする騎乗のベドウィンの男たち。1900年から1920年にかけてのパレスチナ。

ハヤブサ紳士

ジョン・バカンのスリラー小説『ヒツジの島（*Island of Sheep*）』では、主人公のスパイ、リチャード・ハネイの息子が鷹匠であることが判明する。バカンいわく「タカを飼うには、いたって有能な子守りであらねばならず、彼らに餌を与え、体を洗い、病気や傷を治してやらなくてはならない」[26]。まさに、そのとおり。鷹狩りのおかげで、イギリスの紳士階級はこけんにかかわることなく家庭的な性格を身につけられた。ハヤブサの世話をするさいには、男らしさを保ちつつ子守りになれるのだ。ハヤブサの調教はパブリックスクール〔イギリスの上流・上層中流子弟向けの私立中等教育学校〕の教育を反映するものであり、その教育の目的は、成長期の少年に特有の力強さ、粗暴さ、無法さを、規律、身体的拘束、自己犠牲、徳（ヴィルトゥ）、名誉を通じて抑制、制御することだった。ハヤブサについても、この点は同じだ。何世紀ものあいだ、ハヤブサの調教は自己鍛錬の過程、忍耐力と身体的、精神的な自制を学ぶ過程とみなされてきた。「ハヤブサを調教することは、同じくらい自己を調教することなのだ」と、一九六四年にハロルド・ウェブスターは簡潔に記したが[27]、もしかしたら、この発想から、イギリスの刑務所のいくつかで受刑者がハヤブサやタカを飼育するプログラムが導入されたのかもしれない。

　現代生活がもたらした無気力は自然界と触れあうことで治癒するという考えが、ローズヴェルトからロバート・ブライにいたるまで、男らしさについて書くさいの一般的な修辞だった。野生動物また

左側は、チョウゲンボウを手にのせた小説家のジョン・バカン。右側にいるその息子が、オオタカを掲げている。バカン・シニアはオックスフォード大学の鷹狩りクラブの会長を何年か務めている。

は獰猛な動物と――それらを狩る、または、鷹狩りの場合は調教するという形で――触れあうのは、臆病さを退治する万能薬とされることが多かった。こうした伝統では調教を通じて、鷹匠がハヤブサの野生性をいくらか身につけ、ハヤブサはその分だけ人間の流儀を身につける。「人は本当の意味でハヤブサを手なずけはしない」と、あるアメリカ人鷹匠が一九五〇年代に書いている。「人が少しばかりハヤブサのように野性的になるのだ」[28]。現代生活で失われた、あるいは疎外されたとみなされる男性的な資質――野生性、強い力、たくましさなどなど――が、当時すでにハヤブサに投影されていた。調教の過程で調教者とタカが心理的に一体化することにより、鷹匠はこれらの資質を取り戻せるし、タカは逆に〝文明化〟されるというわけだ。なるほど、いまなお女性の鷹匠がごく少数なのも無理はない。

T・H・ホワイトは、人間とタカの魔術的な、フロイト的とすら言える転移を鷹狩り固有のものだと確信していた。そして、自分の試みを「おおかたの人間につくづく嫌気がさし、森にひとりきりで、人間ではなく鳥の人格を調教する」[29]男のプロジェクトだと描写した。ホワイトは自分のタカを古い手法で〝ウェイク〟しようと決めた。「タカを寝させないためにシェイクスピアを朗読し、誇りと幸福感をもってタカの伝統について考えた」のだ。

タカを拳にのせたバビロニア人の浅浮彫りがコルサバードにあった。およそ三千年前のものだ。これがなぜ喜ばしいのか理解できない者は多いが、喜ばしいものは喜ばしい。自分が長い系譜に連なるのをうれしく感じることは正しいと、わたしは思う。種族の集団的無意識という媒体のなかで、自分自身の無意識もわずかながら浮遊しているのだし、その無意識は、現存する種族だけでなくすでに失われたあらゆる種族のものなのだ。アッシリア人は子孫をもうけた。この祖先の骨張った手を握ってみると、どの指関節も、何世紀もの時空を越えて、浅浮彫りのふくらはぎと同じくらいはっきりと輪郭が感じられた。[30]

二十世紀の論評者の多くは、ホワイトと同じく歴史的な連続性と共同体を熱望した。また、鷹狩りをロマンチックで牧歌的で反現代的な営みとみなしてもいた。一九三〇年代のアメリカは、アーサー王の円卓の騎士をきどった若者集団の時代であり、騎士道精神に満ちた過去を鷹狩りで再現するという幻想に惑わされ、多くの少年が鷹狩り熱に取り憑かれた。おとなもこの熱にかかった。英国鷹匠クラブがケント州で行なった日帰りの鷹狩りについて、田園生活に心酔していたジェイムス・ウェントワース・デイが次のように記し、この鷹狩り遠征がいかに失われた過去への旅であったかを説明している。

ブリトン人が築いた丸い土塁の上に立って、海も湿地もすべて眼下に見おろし、風に顔をなぶられつつ、タカを拳にのせたなら、ほんの一瞬、自分が時代の継承者であるのを実感できるだろう。歴史の小さな一ページが、数千年の時を遡るのだ[31]。

鷹狩りに関する両大戦間の著述には、鷹狩りを一種の仮想時間旅行とみなす考えがよく見られた。第一次世界大戦の恐怖体験のあとで、鷹狩りは歴史の連続性を取り戻させてくれた——失われた牧歌的な時代とのつなぎ役であり、癒しをもたらす絆なのだ。鷹匠たち自身は、そうした感傷的な文章をめったに書かなかった。たとえ叙情的な感傷を抱いていたとしても、経験豊かな野外スポーツマンのぶっきらぼうな態度の下に隠しがちだった。だが彼らも、イギリスの鷹狩りはけっして死に絶えておらず、過去とのつながりが脈々と保たれているのを示そうと奮闘した。

ペルシアのナーセロッディーン・シャー（1896年没）を描いた19世紀の浅浮彫り。

五十年後、スティーヴン・ボディオの著作『ハヤブサの

「シェイクスピアがアバクロンビー＆フィッチと出会う」戦後のアメリカが鷹狩りを再創造している。

ための怒り（*A Rage for Falcons*）』の最終節も、どうやら同じ形をなぞっているようだ。雪のなかでタカと狩猟動物の世話をする現代のアメリカ人鷹匠集団を描写するにあたって、ボディオは「この光景がいつ、どこで生まれたのか知るよしもない、三つの大陸でもなく、この四千年のあいだでもない」と感慨深げに述べている。[32] だがボディオにとって、鷹狩りはただ歴史が長いだけではない。彼は現代の鷹匠の多くと同じく、自然との絆を結びなおす鷹狩りの力を高く評価している。「まさにこの都会の片隅で」と彼の著作の最終文は始まる。「われわれはなんとか生きていくすべを、二十世紀のこの時代に野生と触れあうすべを見つけた気がする」。彼の見解は、鷹狩りを一種の真摯な野鳥観察とみなすトム・ケイド教授の見解に似通っている。ボディオは鷹匠たちを「森や原野に対する思い入れがあり、生態系を直感的に理解する」人々として描いた。[33] 鷹匠はすなわち生態学者だとするこの考えかたは、一九四〇年代にアルド・レオポルドが最初に訴えたものだ。彼に言わせると、鷹狩りはテクノロジーで補強された現代の狩りの手法よりもすぐれている。生態系の仕組みに目を向けさせ、精力的な野外活動をうながし、実用的な技能を数多く習得するよう求める。

そして内面的には、思いがけない心理能力を鷹匠に培わせる。すなわち、野生と文明化の適切なバランスを保つことだ――それも、ハヤブサと鷹匠の両方において。「調教テクニックをごくわずかに誤っただけで、その鷹匠のタカはホモサピエンスよろしく〝飼い馴らされる〟か、かなたへ飛び去ってしまう。どこからどう見ても、鷹狩りは完璧な趣味なのだ」とレオポルドは書いている[34]。

忘れられた野外スポーツなのか？

とはいえ、多くの人はレオポルドの見解に同意せず、自然との正しい関係を取り戻す手段というよりは、血なまぐさい原始的な活動として、鷹狩りを見ている。英国王立動物虐待防止協会は十九世紀に、このスポーツに手を染めた若いご婦人たちの気性や物腰が取り返しのつかないほど粗暴になったと嘆いた。一世紀のちには、イギリスのある反狩猟グループが、鷹匠は自分たちが何をやっているか世間の目につかないように人里離れた田舎でハヤブサを飛ばしているのだと説明した。この主張に対し、ある鷹匠が片眉をあげて厭味を言ったのを、いまもはっきりと思い出す。「野鳥を観察する連中は、自分たちが鳥を観察するようすをだれにも見られたくないから、人里離れた場所に行くのか？」

狩猟についての両極化した議論で鷹狩りが占める位置は、なかなか興味深い。反対者はこれを〝忘れ去られた〟野外スポーツと表現する。今日の文化的な環境においては、狩猟というより野鳥観察と同一線上にあるように見えるからだ。たとえばイギリスの書店では、鷹狩りの関連図書は狩猟ではな

反鷹狩りの版画。英国王立動物虐待防止協会の19世紀の刊行物より。完全に想像の産物である芝居がかった要素の存在に気づかれただろうか。生きた鳥が紐につながれ、ハヤブサにリボンが巻かれている。

く自然誌の棚に置かれることが多い。鷹匠であり生物学者でもあるニック・フォックスは、〃環境にやさしい（グリーン）〃活動として鷹狩りを推奨し、鷹匠は「運動グラウンドやゴルフコースを作ったり、害虫を殺したり、たくさんの猟鳥を育てたり、人々の立ち入りを制限したりして、田園風景を変えなくてもすむ……鷹狩りは環境にさほど影響をおよぼさない自然な野外スポーツで、自立的であり、現代の人間の必要性に合致している」と主張する。[35] 彼と同じ見解を抱く鳥類学者が少なくともひとりいて、その人物はわたしに、よい鷹狩りは動物と人間の関係が高度に啓蒙され、野生動物のさまざまな行動にぴったり合致するものだ、と語った。

とはいえ、彼が指摘するとおり、鷹狩りにはもっと大きな問題、狩猟に関する個人の道徳的立場にはまるきり無関係の問題がつきまとう。たぶん最もよく知られているのは、野生環境から違法にハヤブサの雛が持ち去られることだろう。盗人たちは一九六〇年代から七〇年代にかけてヨーロッパのハヤブサの巣雛の数に深刻な影響をおよぼした。卵の採取と合わせて、こうした略奪行為は、すでに農薬に脅かされていた個体数をかなり圧迫することとなった。今日では、飼育下で生まれた個体が簡単に入手できるので、幸いにもヨーロッパでは雛の盗獲がかなり減った。盗人は環境保護団体、鷹狩り団体、法律からそれぞれきびしい咎めを受ける。だが悲しいかな、ほかの地域ではまだそうした状況にほど遠い。ハヤブサの密輸は、小規模であれ、マフィアがらみの大規模なものであれ、旧ソヴィエト連邦に棲息するセーカーハヤブサの個体群の一部に壊滅的な影響をおよぼした。いっぽうで鷹匠たちが、史上最大級の成功を収めた環境保護活動にじかに関わっている。一九七〇年代のアメリカのほぼ全土でペレグリンハヤブサの個体数を回復させたのだ。ペレグリンハヤブサの減少と復活の物語には、目をみはるものがある。三十年前は、種の絶滅についての不吉な予言が一般的だった。ところが、いまやペレグリンハヤブサはアメリカの絶滅危惧種のリストからはずされている。数百億ドルの費用

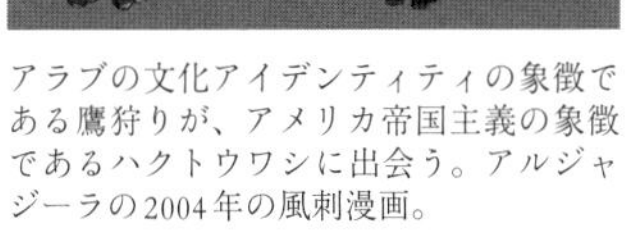

アラブの文化アイデンティティの象徴である鷹狩りが、アメリカ帝国主義の象徴であるハクトウワシに出会う。アルジャジーラの2004年の風刺漫画。

と数千名の人員、そして大学、政府、企業、さらには軍隊までもがこの復活劇に関わった。こうした種の保全の成功物語は、どうしてこんなにも感動的、魅惑的なのだろう？

第四章　絶滅の危機に瀕したハヤブサ

ユキヒョウ。ジャイアントパンダ。ペレグリンハヤブサ。ベンガルトラ。どれも稀少な、目を引く動物で、環境保全運動のイコンにして、テレビのスターたちだ。その顔は雑誌の表紙によく登場し、生活はネイチャーライターにとって格好のテーマとなっている。ほかのありふれた生物にはないオーラをまとった種。要するに、セレブなのだ。野生環境に存在していながら、高級な光沢紙を使った雑誌のなかに生きている。そしてペレグリンハヤブサは、精選されたほかの数少ない絶滅危惧の象徴と並んで、まさしく〝最高クラス〟に位置する。稀少性はあいまいな概念だ。その文化的な意味と生物学的な意味を分離するのはむずかしい。これら最高クラスの動物たちは稀少性そのものに思えるが、この稀少という特性から〝逆向きに考えた〟とき当の動物に行き着くのは不可能に近い。一九九〇年代にイギリスのイエスズメの減少が、どこにでもいるという思いこみによって覆い隠されたのと同じく、セレブ的な絶滅危惧動物の個体数が増加しても、一般大衆の意識になかなか浸透しにくい。たとえば、二〇〇四年にBBCのウェブページがペレグリンハヤブサを「いまやかなり稀少で、ジャイアントパンダと同様に保護されている」と説明したが、実のところ、今日のイギリスでは、ペレグリンハヤブサがかつてないほどよく見かける種になっている。[1]

いかにして、ある動物がセレブになるのだろう？　パンダもペレグリンハヤブサも、一九六〇年代から七〇年代にかけて最高クラスの地位を獲得した。中国から外交の贈り物として届いたパンダは冷戦のイコンだった――西側諸国の各動物園で営まれる性生活が、保護面での価値をはるかに超える影響をもたらした。では、ペレグリンハヤブサは？　一九五〇年代から六〇年代にかけてペレグリンハヤブサが絶滅の危機にあったのは事実だ。個体群のひとつ――アメリカ東部に棲む大型で黒っぽいアメリカハヤブサ（*Falco peregrinus anatum*）――が死に絶え、北米とヨーロッパの広大な地域でペレグリンハヤブサの個体数がぞっとするほど低い水準にまで落ちこんだ。こうした惨憺たる事態により、以前からペレグリンハヤブサに与えられていた一連の象徴的な属性――野生性や原始主義的な魅力にかかわる要素――がいちじるしく増幅され、ペレグリンハヤブサは環境破壊の究極のイコン、科学とテクノロジーの進歩がよりよい世界を築くという期待がいかに裏切られたかを示す象徴に変貌した。

失われた楽園

一般に語られるハヤブサ保護の物語が人を惹きつけずにはおかない要因には、その神話的構造から派生したものがある。なじみ深い要素――聖書的な要素だ。かつて、はるか遠い過去のエデン的な楽園で、ハヤブサと仲むつまじく暮らした人々は彼らに崇敬の念を抱いていた。ハヤブサは神々、または神々の使いとして崇められた。その後は、鷹狩りの鳥、王や皇帝の盟友として重宝された。そして

1909年の北京でセーカーハヤブサを売る商人。これらの鳥は鷹狩りに使われた可能性もある。だが、政府が保護しているにもかかわらず、いまなお中国の一部ではハヤブサが食用にされている。

凋落が訪れた。人間と野生の世界との絆は失われ、ハヤブサの象徴的、生物学的な地位は、まずは十九世紀の大規模な猛禽類撲滅運動によって、さらに一九五〇年代から六〇年代にかけての農薬のいたましい影響によって、すさまじく下落した。だが、もちろん、これは明るい結末を迎える楽園の物語だ。というのも、わたしたちは自分に言い聞かせているのだから――啓蒙と救済はすでにもたらされた、と。これらの鳥が自然の生態系にとって重要であることがしだいに理解され、捕食動物と自然に対するあらたな認識も生まれて、わたしたちは間一髪で彼らを救えた。どうやら、人間はいま一度これら特別な鳥を理解し、保護しはじめたようだ。

このエデンの物語は、正当性を生み出す強力な神話だ。よい方向への推進力となって、保護活動を活発化させ、人間が自然界と関わるうえでの倫理的な問題を熟考させうる。とはいえ、どんな神話もそうだが、これは偏った解釈であって、物語の障害となる事実を覆い隠している。ハヤブサはなるほど、古代エジプトで神性の現れとして崇められた。だが、その物語からは、ミイラにするために生きたハヤブサが大量に取引された事実が〝抜け落ちて〟いる。近代ヨーロッパでは、ハヤブサはたしかに王侯の鳥だった。だが、ハヤブサ商人によって大陸間を運ばれる道中で命を落とした無数のハヤブサはどうなのか？　しかも、中世にはハヤブサが法律で保護され、平民が捕獲したりその卵を採取したりしようものなら厳罰に処せられたが、こうした法律はハヤブサの繁栄への配慮というよりも、権力の行使を表すものだった。中世の王侯は自分の象徴的資本を守りたかっただけなのだから、自然への啓蒙的な見解が彼らにあるものと安易に考えてはならない。さらに、ゆゆしき問題として、エデン的な神話は、種の保護にあたっていま明白に存在する危険を隠してしまう。暗黒のＤＤＴ時代のあとでペレグリンハヤブサの復活を祝福しないのは、あるいは復活を支えた個人や組織のひたむきな努力を賞賛しないのは、どう考えてもおかしい。だが、この喜びも、わたしたちが完全に赦免されてはいないことをわきまえて控えめにするべきだ。ここで物語が終わるわけではない。本章の最後で示すとおり、棲息環境の消失、農薬、密輸が、いまなお世界の多くの地域でハヤブサの個体群を危険にさらしている。

とはいえ、ハヤブサ物語のエデン的神話構造は歴史的な事実に根ざしている。この物語は語られずにすまされない。なぜなら、ハヤブサの文化史をひもとけば、疑う余地なく、その象徴的な地位が目をみはるほど変化しているのだから。

凋落

十九世紀には、かつて鷹狩りに与えられていたスポーツの王道たる地位を、銃猟が占めていた。〝飛ぶ標的を撃つ〟ことが、真の狩猟の名人かどうかの試金石、上流のスポーツマン社会の嗜（たしな）みとなった。ハヤブサの鈴の音ではなく、猟銃の発砲音がヨーロッパの湿地、岩山、荘園に鳴り響いた。領主たちは互いに、招待した狩猟家に獲物となる動物をいちばん多く提供しようと張りあった。そして、これら狩猟家と獲物を取りあう恐れがある動物はすべて、〝好ましからざる存在（ペルソナ・ノン・グラータ）〟になった。もはや王侯の盟友ではないハヤブサは、害鳥の筆頭とされた。というわけで、大々的な猛禽類撲滅運動の時代が幕をあけた。

> スポーツマンたちは早くから、問題のタカがとくにこの娯楽を妨げそうだと気づいていた……冷酷な略奪者にして殺戮者であり、飢えがすっかり満たされたあとも楽しみのために殺す。このダックホーク［ペレグリンハヤブサ］を見かけてすぐに殺さない者は、真の意味で銃を扱うスポーツマンとは言えない[2]。

十九世紀のイギリスでは、猛禽を殺すことが猟場管理人の雇用条件だった。たとえば、あるスコットランドの荘園では、新任の管理人が「あらゆる猛禽類を、敷地内のどこであれ見つけしだい巣もろとも破壊するよう最善を尽くす。ゆえに神のご加護あれ[3]」という誓約書に署名した。撃ち落としたハヤブサの死骸はさらし台に吊るすか、剝製師のもとに送って、屋敷内に陳列する狩猟の戦利品に変えた。王侯の鳥が、木からぶらさがる骨と羽の塊になり果てるか、ヒ素で保存処理されてガラス扉のうしろに据えられたのだ。イギリスの鷹匠にして博物学者のJ・E・ハーティングが、一八七一年の著書『シェイクスピアの鳥類学』で嘆いている。「ああ！　われらが気高きハヤブサが、盗人さながら〝猟場管理人の絞首台〟でさらしものにされるのを生きて目にしようとは[4]」。

大虐殺をためらう管理人もいるにはいた。スコットランドの猟場管理人、ドゥーガルド・マッキンタイアは、めずらしく鷹匠でもあった。ハヤブサのことを、同じ世界の技能や習俗（モーレス）や獲物を分かちあう自然界のスポーツマンとみなした。野生のペレグリンハヤブサは「かなたを飛ぶ標的を狙って彼が銃弾を込めた、まさに絶好の発砲タイミングに[5]」獲物に飛びかかるのだと説明し、人間よりはるかに人間的にライチョウをしとめていると考えた。だが、自然界のスポーツマンとみなされたからといって殺戮を免れはしない。多くの場合、かえって、十九世紀のスポーツマン紳士の心をいっそうそそる標的になった。ハヤブサを銃で撃つことは、自己像と共通の属性を持つがゆえに戦う価値のある好敵手と知恵比べする機会を提供した。いわば決闘だ。撃ち殺されたペレグリンハヤブサは、ピカデリーの剝製師ローランド・ウォードに送られたのち屋敷内に陳列されて、戦利品、武勇の証、自己の隠喩的な延長となった。ヘンリー・ウィリアムソンの一九二三年の自然寓話『ペレグリンハヤブサの冒険（*The Peregrine's Saga*）』で危険にさらされるペレグリンハヤブサたちは、ハヤブサを貴族階級と同一視する考えが連綿と続いていることをはっきりと実証する。ウィリアムソンのハヤブサは、第一次世界大戦および過酷な新税制という二重苦に見舞われて衰退しつつあったイギリス貴族の鏡像なのだ。彼らは血統、権力、歴史、高貴な生まれでできている。〝デヴォン・チャクチェク〟というハヤブサの一族は「西部地方一気高く、恐れられた一族」にして「由緒ある高貴な家系」[6]だ。なにしろ、その祖先はかつて「イングランド王」から伯爵の位を授けられている。[7]

一九〇〇年代に、アメリカ合衆国政府の科学者たちが、必ずしもすべての猛禽が猟鳥の殺戮者ではないことを示した。ネズミやカエルを好む種もいる。猛禽は〝よい習性または悪い習性〟のどちらかを持ち、ゆえに有益、有害のいずれかにみなされる、と。大恐慌時代の愛鳥家は喜んでこれに飛びついた。そして、アメリカ人の穀物を食べる敵つまり齧歯動物と戦う〝兵士〟として、タカを描写するチラシを配布した。「タカを保護すれば、飢餓を防ぐことになる」と書かれたものだ。[8]ところが、アメリカで一般的に〝ダックホーク〔カモを狩るタカ〕〟と呼ばれるペレグリンハヤブサは、この時期も狩猟家にきらわれていたし、大型のハヤブサは鳥類学者の実用的調査の結果からもさしたる恩恵を得られなかった。

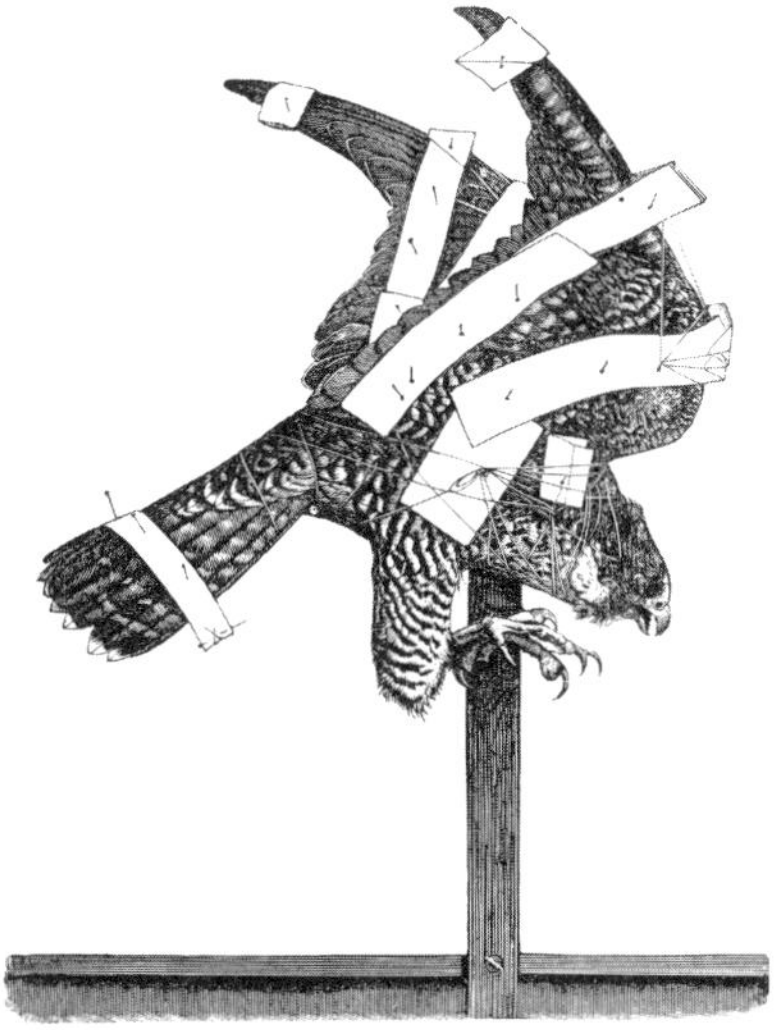

剝製にされたばかりのペレグリンハヤブサ。モンタギュー・ブラウンの1884年の著書『実践的剝製術(Practical Taxidermy)』より。数週間後に、紐、紙片、ピンがはずされる。

灰色のシロハヤブサ（*Falco rusticolus rusticolus*）、胃の標本数五点、うち四点にノネズミ、残る一点にカモメの一部あり。ソウゲンハヤブサ（*F. mexicanus*）、善悪の習性がほぼ均衡し、猟鳥と有害な齧歯動物のいずれも狩る……ダックホーク（*F. peregrinus*）、水禽および家禽に害をなし、小型の鳥も狩る。多少は昆虫やネズミを餌にするが、概して有益性よりも有害性がまさる。[9]

〝悪い〟猛禽を殺すのは、道徳的、生物学的な責任を果たす行為とみなされた。こうした考えかたは二十世紀に入ってもなお生き残っていた。アメリカ随一の野鳥保護団体、全米オーデュボン協会は、一九二〇年代に自分たちの野鳥保護区で猛禽を撃ち殺していた。一九五〇年代、六〇年代にもまだ、ヨーロッパの多くの国で猛禽の死骸に報奨金が支払われた。猟鳥の管理が保護活動の起源であり、多くの団体や政府機関の方針にそれが反映されていた。一九五八年には、国際自然保護連合への派遣委員が鳥類学者のフィリス・バークリー＝スミスに、猛禽の保護を支持するのであればあなたを野鳥保護主義者とは認められないと告げた。

啓蒙？

大戦間のアメリカは、タカ撃ちにとって至福の日々だった。ペンシルヴェニアでは、ブルー山から渡ってくる猛禽を撃つために大勢がやってきて、使用済みの真鍮の弾丸が集められくず鉄として売られていた。だが、時代は変わりつつあった。ショックを受けた愛鳥家たちに突き動かされる形で、一九三四年にロザリー・エッジがその山を買い取ってホーク山と改名し、あらたな時代の先鞭をつけた。いまや大衆は、猛禽を殺すためではなく観察するために来るようになったのだ。マサチューセッツでは、鳥類学者のジョゼフ・ヘイガーがペレグリンハヤブサの巣ひとつひとつにタカの番人を置いて、卵の採取人、銃猟者、鷹匠ら侵害者たちから守らせた。巣の見張りは、ほかの恩恵ももたらした。世界有数のパイロットをもしのぐすばらしい飛行技術を目にする機会だ。雄のペレグリンハヤブサが「急降下、突進、ジグザグ飛行して」ディスプレイを行なう壮観な光景に、ヘイガーがわくわくさせられたのはまちがいない。その雄は「稲妻さながら落ちてきて……三連続で縦に環を描いて」から

わたしたちの頭上で雄叫びをあげ、風がその翼のあいだを帆布を裂くようにどっと抜けていく。広い大空よりも崖を背景にするほうが、猛烈なスピードがよくわかる。こうした芸当を眺めるときの高揚感はとてつもない。立ちあがって喝采したい衝動に強く駆られる。[10]

ヘイガーのこの一節は、象徴としてのハヤブサをとり巻く環境がまたも変化しつつあったことを示す。〝帆布を裂くように〟が鍵だ。この一節は、航空機時代の伝道用語に満ちあふれている。大戦間にアメリカを席巻した航空術への熱狂と、大空の英雄、風、スピード、力強さといった各要素のおかげで、ハヤブサはあらたな象徴的役割を担うこととなった。

観光旅行の増加もあって環境ナショナリズムのうねりが押し寄せ、大自然が広がっていた過去のア

メリカの生きた標本とされる動物種がいっそう高く評価されだした。[11] 動物たちはいまや、まじめな娯楽、すなわち市民に読まれるべきアメリカ史の〝物語〟となった。フィールド鳥類学者のアーサー・アレンは、若年層向けの鳥類学習雑誌に、スリル満点のロマンチックな原始主義的文脈でペレグリンハヤブサを主人公にした〝鳥の一代記〟を書いて、この種への慈悲を請うた。当のハヤブサの声で——無数の少年向け冒険雑誌の声で——語らせて。

ぼくもぼくの物語も、心の弱い人には向かない……野蛮な心だけが知る感情を呼び起こしてあげよう。肉体戦の喜び、敵の体を攻めて倒すときのスリル。とにかくスリルそのものをあげよう、そして、翼はあるがもっと劣る連中にはできないことをきみのためにやれたなら、ぼくは満足だ。[12]

こうしたすばらしく原始的なハヤブサの資質を吸収するには、もはや撃ち殺す必要はなかった。なにしろ彼らをカメラで〝とらえ〟たり、望遠鏡や双眼鏡を通じて親しんだりできるのだ。あるいは、彼らの調教を通じて親しむとか。大戦間のこの時期に、鷹狩りは力強い復活を遂げた。C・W・R・ナイト大尉の映画、講演、著書、記事が、ハヤブサのまるきり異なる姿を明らかにした。ナイトはこの時期、講演者としてたいそう人気があった。鷹匠にして有能な映画制作者、ひたむきな自然主義者（ナチュラリスト）、講演家、生まれついての興行師である彼が、みずから調教したイヌワシのミスター・ラムショーとともにアメリカやイギリスで登壇するさまは、一世を風靡した。ナイトはハヤブサを向こう見ずの冒険家、果敢な闘士として広めると同時に、よき母親や父親としても宣伝した。このハヤブサたちは悪党ではなかった。模範的な市民だったのだ。

精力的な若き双子の鷹匠でありナチュラリストでもあるフランクとジョンのクレイグヘッド兄弟は、ナイトが築いた遺産の上に、大衆向けの本とフォトエッセイを積みあげた。そして研究対象のハヤブサに、冒険好きな自己像を投影した。たとえば、フランク・クレイグヘッドは野生の雌のペレグリンハヤブサと視線を交わす。

1948年、ハドソン川にあるペレグリンハヤブサの巣にて、鳥類学者のロジャー・トーリー・ピーターソンとリチャード・ハーバート。20世紀のはじめに、娯楽として卵を採取する行為が、ここよりも近づきやすいハヤブサの巣に深刻な打撃をもたらした。幸いにも、この娯楽は現在はあまり行なわれていない。

その瞳が彼女の本質をさらけ出し、そのなかに彼女の人生が見えた。自由を愛する心、束縛のない野生空間を愛する心が見えた。冒険精神、スリルへの強い願望、豪胆さへの本能的欲求が見えた。大空のユリシーズの渇望が見えた。世界を見てこれに挑もうと飛び出した流浪者の、さすらい、さまよう渇望だ。[13]

双子のクレイグヘッド兄弟は、自分たちが調教した猛禽類を、それまでは従来の家庭のペットにだけ用いられていたことばで描写した――このハヤブサたちは、個性を持った愛すべき鳥なのだ。彼らの若きペレグリンハヤブサ、ユリシーズの「人を見分けられ、愛想がよく、穏やかで知的な表情」は、育って成鳥になるとよいほうに変化し、仔犬みたいな好奇心の塊だったのが成熟して強い自立心と自制を身につけた。アメリカの若者の、文化的に容認されていた軌道をこのハヤブサがなぞっているのがおわかりだろう。[14]

クレイグヘッド兄弟自身も成熟し、数年後の一九五〇年代には、猛禽の生態に関する論文（モノグラフ）を発表して、猛禽は生態系の守護者であるという考えを広めた。猛禽の捕食行為は、獲物動物の数を互いに、さらには環境全体でも均衡させ、中庸、中道を生み出す、と。興味深いことに、こうしたあらたな科学的認識は、多くの場合、ハヤブサの大自然での役割としてかなり前に認識されていた内容と一致する。大西洋の向こう側では、生態学者のハリー・サザーンが、戦後イギリスの復興に猛禽が貴重な役割を果たすと考えていた。猛禽を「慎重に計画して導入」すれば、農産物を枯らし「国有林の再生」を妨げる齧歯動物の数を減らせる、と彼は主張した。[15] サザーンにとって、猛禽は同志であり、公益目的の大規模な生態学的実験における科学者仲間だった。そして、うまく機能している社会がさまざまな人間の役割や専門能力の上になりたっているのとまさに同じく、自然の社会ではそれぞれの種に独自の役割と専門能力があるのだと、同時代の生態学者たちは考えた。ならば、ハヤブサの役割はなんなのか？　生態ピラミッドの頂点に位置する〝無敵の種〟というものだ。ハヤブサは食物連鎖の頂点であり、野生生物の共同体でエネルギーが最終的に集まる中心点であるとするこの考えは、ハヤブサを高い社会的地位と同列に考える長年の風習を強化した。いわばロマンチックな「真の王権の体現者」とみなす、おなじみのこの概念が、いまや、ほかならぬ科学によって裏づけられたわけだ。生態学的な見解と大衆文化的な象徴主義のこうした融合が、サザーンの論文の最終文に息づいているように見える。「失われつつある、あるいは失われてしまった猛禽は、その王国への再入場をうながされるべきだ」と彼は提案している[16]。

絶滅

だが、ハヤブサは正反対の道をたどっていた。ひっそりと、ほぼ注目されることなく、姿を消していたのだ。まずはハヤブサ愛好者が、周辺地域のハヤブサが繁殖に失敗していることに気づいてがっかりしたが、原因はさっぱりつかめなかった。彼らはもっと広い観点からこの問題を見ようとしなかったのだ。たとえばマサチューセッツでは、ジョゼフ・ヘイガーが、地元のペレグリンハヤブサの巣が対前年比で減少したのをアライグマのせいにした。一九五〇年には、営巣地として歴史のある崖から親鳥がついに姿を消したが、それまでの四年間に、雛鳥の病気、卵殻のひび割れ、卵の消失といった奇妙なできごとが重なっていた。大西洋の向こう側では、波に浸食された岩がちなコーンウォールの海岸で、ペレグリンハヤブサを愛するイギリス人、ディック・トレリーヴンが同じように頭を悩ませていた。観察中の六つの巣のうち、一九五七年に育雛(いくすう)に成功したのはひとつだけで、一九五八年にはどれも失敗した、と彼は報告している。こうしたアマチュア博物学者の不穏な報告は、主流の科学者からほとんど顧みられず、実質的に見過ごされた。たとえば、トレリーヴンは英国鷹匠クラブの会報『ザ・ファルコナー(*The Falconer*)』で自分の発見を公表したが、これは大学や研究所の鳥類学者が関心を寄せない刊行物だった。

というわけで、一九六三年、ペレグリンハヤブサの全国的な個体数調査の結果が、ザ・ネイチャー・コンサーヴァンシーの生物学者、デレク・ラトクリフによって発表されると、イギリスの鳥類学者は愕然とした。この政府調査は皮肉にも、レース用ハト所有者たちの訴えを受けて実施されていた。現代のイギリスにはペレグリンハヤブサが多すぎる、というものだ。とんでもない。現実の数字は衝撃的だった。イギリスのペレグリンハヤブサは急減していた。第二次世界大戦以前の水準の半分にも満たなかったのだ。イングランド南部全域で、わずか三つがいしか残っていなかった。長い歴史を誇る巣は空っぽで、雛は一羽も育っておらず、しかも雌のペレグリンハヤブサが自分の卵を食べているという不吉な報告がいくつもあった。

ラトクリフは農薬がこの減少を引き起こしたのではないかと疑った。一九五〇年代から六〇年代に

大型で黒っぽい北米東部のアメリカハヤブサ。この写真が撮影された数年後、農薬がこの血統を完全に消滅させた。

かけて、農地の鳥の大量死が世間で騒がれ、新世代の農薬がその犯人として名指しされていた。これらの化学薬品――アルドリン、エンドリン、ディルドリン、ヘプタクロル、アメリカ軍の夢の薬であるDDT――が、イギリス、西ヨーロッパ、そしてどこよりもアメリカ東部の農業地帯でおびただしく使用されていた。これらは安定化合物で散布後も分解されない。残存したまま、食物連鎖のなかで濃縮され、捕食動物の体内組織にしだいに蓄積してやがて致死量または亜致死量に達する。ペレグリンハヤブサの減少が農薬に起因する証拠は積みあがっていた。ラトクリフはすでに、スコットランドのペレグリンハヤブサの腐敗した卵に、DDTの分解生成物であるDDEをはじめ四種類の農薬が含まれているのを発見していた。また、ペレグリンハヤブサが消えたことは農地の利用形態とも関連性がありそうだった。減少がとくに速いのは耕作地帯であり、減少の速度と範囲が、戦後のイギリスにおける殺虫剤の使用状況とぴったり重なっているように見えた。

一九六二年、農薬産業とその製品に関する、レイチェル・

カーソンの熱のこもった暴露本、『沈黙の春』が出版された。化学業界を激怒させ、全世代の人々に環境汚染の怖さを気づかせた、火付け役的な本だ。カーソンは精緻な描写で、新しい農薬化合物および、それが生態系、生物群集、動物、人間におよぼす影響について詳しく述べた。DDTの使用量は並はずれて多かった。たとえばアメリカ東部の果樹園では、繰り返し利用されたせいで一エーカー〔約四〇アール、一二〇〇坪〕あたり一四・五キログラムもの成分物質が残存していた。それらの果樹園で狩りをしていた頭の黒い東部のアメリカハヤブサは、とりわけ深刻な影響を受けた。一九四〇年代から五〇年代にかけての減少は予想外で、前例がなく、ほとんど注目もされず、彼らは一部の地域でほぼ完全に消えた。そして、ほどなく絶滅した。環境ジャーナリストのデイヴィッド・ジマーマンは、のちに次のように結論をくだしている。「ペレグリンハヤブサの減少が気づかれなかったのは、女性向けの愛らしい鳥でも、芝地や餌箱で動向をたやすく把握できる鳥でもなかったから――そして見過ごされやすいからだ。あくまで男性向けの鳥であり、力強く寡黙な孤高の猛禽なのだ[17]」。

証拠とパニック

『沈黙の春』が書店に並んだころ、著名なアメリカ人鳥類学者のジョゼフ・ヒッキーが、これら〝力強く寡黙な〟猛禽がその年はアメリカ東部全域で一羽も巣立たなかったと聞きつけた。彼はのちにこう語った。「当時はたしかに、鷹匠たち――本物、自称を含めて――が、ものすごく多忙だったのだろうと考えていた。まさか、そのころにはもう、この地域の巣の大半が不可解にも空っぽになっているとは思いもしなかった」[18]。危惧を抱いて、彼はペレグリンハヤブサの調査を行ない、得られた結果——調査対象にした一〇〇個前後の巣のすべてが放棄されていた——に愕然として、一九六五年、ウィスコンシン大学マディソン校でペレグリンハヤブサに関する国際会議を催した。出席者は、どんな予想をも超えるひどい報せを耳にした。報告が集まるにつれ、ぞっとする実態が浮上した。これは局地的な問題ではない。大陸を横断する、おそらく全世界的な問題だ。ペレグリンハヤブサが永久に姿を消すかもしれない。

この会議でなされたデレク・ラトクリフの発表には説得力があった。農薬がこの減少を引き起こしていると主張するものだ。また、ハヤブサが自分の卵を食べる謎についても、ラトクリフは解き明かしていた。放棄されて間もないイギリスの巣から採取した卵を扱っているとき、博物館に収蔵された古い卵に比べて殻が薄いことに、彼は気づいた。直感を掘りさげて調べた結果、最近の卵殻は戦前のものより二〇パーセント薄いのが判明した——ゆえに、抱卵中につぶれやすい。うっかり壊してしまうと、雌のペレグリンハヤブサは壊れた卵をふだんどおりに処理した——食べたのだ。同じく殻が薄くなる現象が、アメリカのペレグリンハヤブサの卵にも起きていた。のちにようやく、ふたつの政府研究機関、すなわちイギリスのモンクスウッド試験場とアメリカのメリーランド州のパタクセント野生生物研究センターが、汚染された鳥を捕食した結果ペレグリンハヤブサの体内に大量のＤＤＴが蓄積されつつあることを示す試験的実証を提供した。毒されたペレグリンハヤブサはすぐに死ぬか、さもなくば、ＤＤＴの代謝産物がカルシウムの摂取に影響をおよぼすことから、殻が薄くて孵らない卵を産んでしまう。

　ペレグリンハヤブサの窮状が大衆の目にさらされると、古くからある人間とタカの同一視が、驚くべきあらたな意味あいを帯びることとなった。極度の冷戦パラノイアに取り憑かれた大衆、テクノロジーによる解決への信頼を失い、政府への信頼も失い、サリドマイドやストロンチウム90、死の灰、海中への石油流出、核による絶滅への恐怖に怯える大衆にとって、農薬は、大組織による科学と成長神話を葬り去る柩にもう一本打ちつけられた釘だった。『ディフェンダーズ・オブ・ワイルドライフ』

ぞっとするほど陽気で完全にまちがっている、初期のＤＤＴの広告。

1970年、ハロルド・ウィルソン首相がモンクスウッド試験場を訪れ、ペレグリンハヤブサの死骸と対面した。

誌が述べたとおり、ハヤブサは「野生性の蒸留エッセンス」になったのだ[19]。

そして、人類の相似物にもなった。放射線病と農薬中毒の類似点が図解でなぞられた。放射性降下物が牧草の上に落ち、牛たちに食べられ、牛乳に蓄積して、最終的に授乳期の母親の骨に溜まるさまが明示された小さなピラミッド図を、大衆は繰り返し目にした。この生物濃縮図は、捕食者の頂点にいるもうひとつの種、ペレグリンハヤブサの体内組織にＤＤＴが蓄積するさまを示した図と酷似していた。

突如、ハヤブサと人間は公害病の被害者仲間になった。両者は食物連鎖の頂点に位置する者どうしであり、ペレグリンハヤブサの運命は、廃棄物にまみれた社会の比喩、ほかならぬ人類の運命の不吉な前兆と化した。ディズニーの自然伝記番組『ペレグリンハヤブサのヴァルダ（*Varda, the Peregrine Falcon*）』は、「ペレグリンハヤブサの生存に対する陰惨な環境上の脅威」を中心に展開され、六〇〇〇万人の視聴者を獲得して、一九六八年の最も視聴率の高い番組となった[20]。一九七〇年には、イギリスのハロルド・ウィルソン首相がモンクスウッド試験場の有毒化合物班を視察し、カメラマンの前で沈鬱な表情をしてペレグリンハヤブサの死骸を見つめた。テクノロジー革命の白熱が、不幸な副産物をもたらしていたのだ。

何ができるだろう？　ペレグリンハヤブサの保護はとにかく必要だ――そして、法規制がしかるべく守られることも。だが問題となっているのは迫害ではない。農薬だ。ヒッキーの会議に出席した人々は、何か新しい対策を求めた。彼らの多くは鷹匠で、実際的な思考を持ち、ペレグリンハヤブサが絶滅するかもしれないと怯えて、これを二度と飛ばせられない可能性におののく熱愛者だった。

イギリスでは、残留毒性がある農薬の一部について自主規制がかろうじて実現され、ペレグリンハヤブサの減少が速度をゆるめたように見えた。だがアメリカでは、危機的な状況だった。ヒッキーのマディソン国際会議の出席者一三名が、鷹匠のドン・ハンター主導のもとに猛禽類研究財団（ＲＲＦ）を設立した。この財団は、猛禽類の生態と飼育下繁殖に関する情報を収集、統合する情報センターを自認していた――実情は、緊急打開プログラムであり、ペレグリンハヤブサの絶滅を防ぐ総力戦だ。その会議は精力的かつ真剣だった。朝八時から夜十時半まで続けられ、実現性、手法、技術について活発なブレインストーミングが行なわれた。

これらの人々は、不干渉を旨とする環境保護論者の〝保護・保全〟精神にはほど遠い、いちじるしく操作的、介入的な保全テクニックを開拓した。デイヴィッド・ジマーマンが、あらたに応用されたこの科学を〝臨床鳥類学（clinical ornithology）〟と表現した。絶滅の危機に瀕した鳥の生活環（ライフサイクル）に人間が積極的に介入するものだ。飼育下の鳥を扱うさいの実際的側面に精通している鷹匠や鳥類飼育家に

家畜のウズラは、飼育下繁殖のハヤブサにとって格好の食糧源だ。雌のペレグリンハヤブサが、三羽の雛に餌を与える前に、撮影者をじっと見おろしている。

とっては、さほどめずらしくない手法だった。彼らは考えた。巣から殻の薄い卵を救出し、人工孵化器で孵したのちに、雛を巣に戻すのはどうだろう。ペレグリンハヤブサの雛をソウゲンハヤブサの巣に入れてソウゲンハヤブサに育てさせてはどうか。最も急進的な案として、飼育下でハヤブサを繁殖させてから、除染した野生環境に幼鳥を放つことは可能か。これらの案には、実証されていないスキルやテクニックが求められた。はたして、飼育下でハヤブサを量産するのは可能か。もし可能なら、どうやるのか。うまくいきそうか。何が必要か。

一九七〇年代はじめの論評者の多くにとって、飼育下でのハヤブサ量産はありえないことだった。消える運命にある〝野生性の蒸留エッセンス〟を、ニワトリやハトよろしく禽舎で繁殖させるなど、だれが予想できるだろう。フェイス・マクナルティは『ニューヨーカー』誌に、ハヤブサの繁殖は「きわめてむずかしい」離れ業であり「野生の個体数を増やすことも、飼育家に個体を提供することも不可能だ」と書いている。[21] だが、当時すでに、これは誤った認識だと証明されつつあった。アマチュアのタカ繁殖家(ブリーダー)が北米各地でこの難題に着手して、さまざまな禽舎や鷹小屋を築いており、だれもがペレグリンハヤブサ、ソウゲンハヤブサ、ラナーハヤブサをはじめ自分たちの猛禽が繁殖しますようにと祈っていた。こうした民間の試みと並んで、複数の組織的な大規模プロジェクトが存在した。そのすべてが、さきのRRFの会合から始まったものだ。たとえばリチャード・ファイフが運営するカナダ野生生物保護局のアルバータの施設、カリフォルニアのサンタクルーズ猛禽類研究グループ、ミネソタ大学の猛禽類研究センターなど。

だが、改良した小屋でハヤブサのつがいを飼うハヤブサ愛好家であれ、モニター越しにペレグリンハヤブサを観察する博士だけのチームであれ、全員がデータ、報告書、スキルを共有していた。重要なのは、〝いかにハヤブサを繁殖させるか〟という問いだけだ。しだいに条件がはっきりしてきた。ハヤブサの繁殖に、巨大な鳥小屋は必要ない。彼らは狭めの禽舎を好む。巣棚を自分で選びたがる。一回に抱く卵をすべて取り除いて人工孵化器に入れると、つがいはまた最初から卵を産み、おかげで繁殖力が大幅に向上する。雛のうちに捕獲した個体のほうが、成長後に捕まえた個体よりもはるかに飼育下での繁殖能力が高い——といったことなどだ。

ペレグリン・ファンド

アメリカでは、コーネル大学のハヤブサ繁殖施設がたちまち、最も成功を収めた最も有名なプロジェクトとなった。これは、コーネル大学鳥類学研究所の所長、トム・ケイドの発案によるものだ。少年のころカリフォルニアのサン・ディマス貯水池の上空でクロガモに襲いかかる雌のペレグリンハヤブサを眺めたときから、ケイドはハヤブサを熱愛してきた。「ぼくたちは音を耳にした。六インチ砲弾が頭上を通りすぎたみたいな、ヒューッという音だ。一羽のペレグリンハヤブサだった」と彼は述懐している。[22]

コーネル大学の全長七〇メートルの建物は、設備のたいそうな充実ぶりから、じきにペレグリン宮殿と呼ばれるようになった。おもに鷹匠より寄贈された大型のハヤブサ四〇つがいが、広大な実験繁殖室に入れられ監視カメラで常時観察された。このプロジェクトは、鷹匠のため、科学研究のため、そして何よりも重要な、野生環境への再導入のためにペレグリンハヤブサを量産するという目的を掲げ、ほどなくペレグリン・ファンドとして法人化された。保全の〝巨大科学(ビッグサイエンス)〟にして、大転換をうながす精力的な試みであり、本格的な資金調達を必要とした。資金はさまざまなところから集まった——アメリカ国立科学財団、IBM、全米オーデュボン協会、世界自然保護基金(WW

この雄のペレグリンハヤブサは人間に性的に刷りこみされ、特別に設計された帽子と交尾を行なっている。帽子の下にいるのは、ペレグリン・ファンドのハヤブサ繁殖家、カル・サンドフォート。

F）、アメリカ合衆国魚類野生生物局、さらにはアメリカ陸軍資材コマンドからも。積極的な広報姿勢のおかげで、マスメディアにもちょくちょく取りあげられ、関心を抱いた一般大衆から数千件もの自発的な個人寄付を受けた――アメリカ陸軍から学校バザーの売上にいたるまで、どれもありがたい資金提供だった。

一九七三年には、このファンドがわずか三つがいから二〇羽の雛を孵し、アルバータではリチャード・ファイフのプロジェクトがやはり雛をもうけた――アメリカ各地の繁殖家の多くもそうだ。そして、ファンドの共同設立者であるボブ・ベリーが、いっそう多くのハヤブサを繁殖させるあらたな手法を開発していた。人工授精だ。今日のハヤブサ繁殖家には一般的な手法だが、相当な――そして、ふつうではない――テクニックが求められる。ハヤブサの雛が人間によって育てられたら、〝刷りこみ〟が生じ、人間をハヤブサと思いこんで反応するようになる。刷りこみ担当調教師（ハンドラー）の任務は、本物のハヤブサの行動を忠実に再現しながら、刷りこみされたハヤブサと一対一の関係を築くことだ。たとえば求婚中のハヤブサよろしく頭をさげたり、〝キョ、キョ〟と求愛の鳴き声をあげたり、餌を運んできたり。やがて、ハヤブサは――雄なら――調教師とつがいになり、特別に設計されたラテックス製帽子の上で交尾する。その後、調教師がピペットでハヤブサの精子を集め、刷りこみした雌のハヤブサに注入する。すべてが一日で終わる作業だ。こうした鳥と人間の人工授精の関係は、一般の人々から軽い当惑や忍び笑いを引き起こすことが多い。刷りこみ担当の調教師はじきに、ハヤブサの繁殖にかかわりのない友人には、自分の職業について詳細を語らなくなってしまう。

トム・ケイドやリチャード・ファイフといった、科学者であり自然保護論者でもある存在に、マスメディアは魅了された。ハヤブサにとくに愛着を抱いていないジャーナリストや作家は、何がこれらの人々をペレグリンハヤブサの救出に駆りたてるのかと首をひねった。デイヴィッド・ジマーマンは強い心理学的関心を抱いてこの問いに取り組み、動物の種を救おうとする個人の試みは、各人の不死への深い欲望を反映するものだと考えた。種を救うことすなわち、〝不死の救済行為〟であると彼は説明している。「この行為に手を貸す人間は……自身の死すべき運命を超越する……なるほど、ここに人間的な強い動機が存在するわけだ！」[23]。

だが、ペレグリン・ファンドや同様の組織的プロジェクトは、科学そのものの救済行為とみなすこともできる。一九六〇年代のあらたな思潮では、科学はもはや、よい目的に向かって進歩する力として、あるいはイデオロギー的に中立で自由な試みとして、型通りに受けとめられはしなかった。科学的事業とその白衣の従事者に対し、大衆の不信が空前の高まりを見せていた。ただし、ケイドとペレグリン・ファンドは例外だ。マスメディアはケイドを、強くて、思いやりにあふれ、情熱的で、きわめて道徳的な英雄的人物として描いた。科学者のあらたな一派が、大組織が推進する科学の慈愛を信じられなくなっていた人々に披露されたのだ。これら新手の科学者たちは英雄だった。ペレグリン・ファンドは、ケネディのホワイトハウスと同じ神話的な光に包まれた。設立当初のころについて、ケイドはのちにこう記している。「ふり返ってみれば、あれは一種のキャメロット〔アーサー王の宮廷があったとされる伝説の町で、ケネディ政権を比喩的に指す〕だった――特別な時代の、特別な場所であり、ペレグリンハヤブサを自然へ帰すことに全身全霊を捧げるじつに特殊な人々がいた(24)」。

ハヤブサを放野する

これら〝じつに特殊な人々〟は、ほぼ全員が鷹匠だった。そして数千年におよぶ鷹狩りの技術、ケイドに言わせれば〝進化した技術〟が、飼育下繁殖したハヤブサをどうやって野生環境に放つかという難問への有用な解決策をもたらした。雛のうちに捕獲したハヤブサの飛翔能力を高めるために、〝ハッキング〟というテクニックが何世紀も用いられてきた。ハックボックスと呼ばれる戸外の人工巣のなかで、風切羽が生えそろう前の雛たちは人間に餌を与えられ、世話をされながら、野生のハヤブサらしく飛んで狩りを行なうすべを学ぶ。ときに何週間も要する過程で、ダルキュシアは十六世紀にこのように説明している。「五月いっぱいと六月の数日が過ぎてようやく雛たちは教えを身につけて、止まり木にとまり、風に向かって飛び、天空のランプよろしく宙に浮くことができる(25)」。こうなった時点で、ハヤブサの幼鳥は鷹匠にまた捕らえられ、調教される。

ハッキングは完璧な解決策に思えた。保全目的と鷹狩りの場合で唯一ちがう点は、前者では幼鳥を再び捕まえないことだ。人工の巣をどこに設置するかが、次の課題になった。歴史ある東海岸の崖の

ペレグリン・ファンドのハヤブサの雛と、それに見とれるボーイスカウトの一団。一般大衆の教育は、当ファンドをはじめ同様の組織の主眼となっている。

ペレグリンハヤブサの雛が、設置されたばかりの人工巣、つまりハッチボックスから外のようすをうかがっている。こうした自然の放野環境では、アメリカワシミミズクやイヌワシがしばしば脅威になる。

巣にハヤブサを再棲息させるべきだという意見が強かった――地理的な郷愁に、保全の慣習も絡んでいた。幼鳥は巣に〝刷りこみ〟され、成長後に戻ってきて、もしかしたら繁殖するかもしれない。ペレグリン・ファンドで働く人々は、まさにこの崖に営巣するハヤブサを目にしたことがあった。そして、活気あふれる田園風景が破壊されるさまを目の当たりにし、その生態学的な豊かさを復活させたいと切に願っていた。ハッキング用地の世話人であるトム・メクトルは、自分の仕事は「崖の生態系」を深く理解することだと説明した。「かつてハヤブサがその生態系を補完していたのです。ハヤブサが死ぬと崖も死にました。古い巣からハヤブサの幼鳥が飛びたつのを目にしたら、自然が再び健全になった証なのです[26]」。

　ところが、最初の大規模な再繁殖実験は計

画どおりには進まなかった。歴史ある崖の巣に幼鳥を放ったはいいが、守ってくれる強い成鳥がいないせいで、巣立ち前の雛は睡眠中にアメリカワシミミズクに殺されることが多かった。一九七七年には五羽がやられた。「近寄らせない以外に、ミミズクに対してできることはそう多くない」とケイドは述べている。[27]伝統的とは言えない塔の巣でハッキングされたハヤブサのほうが、はるかに成功率は高かった。ニュージャージーの湿地の塔からも、キャロル島の、毒ガス弾の実験に使われていた高さ二三メートルほどの塔からも、首尾よく巣立った。ハヤブサの放野は広く宣伝され、順調に進められた。一九八〇年代はじめには、ファンドは年間一〇〇羽以上のペレグリンハヤブサを放っていた――アメリカ東部に、そしてコロラドにふたつめの施設を開いたのを機に、西部のかつての棲息地の多くに。ペレグリン・ファンドをはじめとする専門機関の再導入手法は大成功を収め、ペレグリンハヤブサはアメリカのかつての棲息地の多くに戻って繁殖した。保全生物学史の金字塔となる再生だった。

飼育下のペレグリンハヤブサはどのくらい野性的か

とはいえ、飼育下繁殖されたハヤブサの放鳥は議論を呼んだ。これらの個体を野生環境に放つのは正しいことなのか。絶滅した東海岸のアメリカハヤブサが太古の自然の最後のかけらだったとしたら、これら新しい個体はなんなのか。彼らはここで進化したのではない。遺伝子的、地理的な起源が混ざりあった交雑種の鳥であり、その両親はスコットランドやスペインといったはるか遠い地から連れてこられた。アメリカ東部で長い年月をかけて進化したハヤブサではないのだ。それに、どのくらい〝野性的〟なのか。当然ながら、〝野生性の蒸留エッセンス〟は、その本質上、岩や崖の上で育てられるべきだ。強制通気式機器のなかで孵化し、壁に囲まれて育ったら、ペレグリンハヤブサの野生性は減ってしまうのではないか。

放野されたペレグリンハヤブサの出自にまつわるこの議論から、自然の価値をめぐる党派的な深い論争が保全生物学を駆けめぐっていることがわかる。環境哲学の一派は、来歴の訴求力という観点から生物や生態系を評価する。この伝統では、ある動物または棲息地の本質的な価値は、それが登場するまでの過程がどのくらい自然であるかによって変わる。再生された大草原（プレーリー）も雨林も、自然に進化したものに比べると価値が小さい。〝野生〟すなわち〝手つかずの〟生態系のほうが、人間の活動による影響を受けたものより本質的な価値が大きい。この見解をとるなら前述のペレグリンハヤブサは、東海岸の環境の自然な棲息動物ではないという理由から、偽物ということになる。異質な〝人造の〟鳥なのだ。まちがったペレグリンハヤブサを導入するくらいだったら、一羽もいないほうがいい、と彼らは主張する。

人工孵化器で孵ったあと、ハヤブサの雛は人間の手でウズラの細切れ肉を数日間与えられてから、両親のもとへ戻される。生まれたてのこの段階では、雛はごくひ弱で、つねに保温しなくてはならない。

ケイドとその同志たちはそうした考えには与しなかった。彼らの考える自然は動的かつ包括的で、頭の堅い土着主義者の関心にはない、鳥や大地との深い心の絆をともなう。あらたに放たれた鳥は、原始性が減った東海岸の新しい大地に適応するよう進化するとともに、その地域の歴史的、生態学的な継続性を回復させた、とケイドたちは主張する。ペレグリンハヤブサが戻ってくれば、あちこちの岩がちな崖やその上の真っ青な空は再び〝生命を宿す〟だろう。アメリカの若人はいま一度、手に汗握るペレグリンハヤブサの襲撃を、グランド・キャニオンやデリケート・アーチと同じく、アメリカの雄大な風景の一部として眺められるのだ。放たれた一羽の雄について、ケイドは感極まってこう記している。

> 心から言おう、レッド・バロンがニュージャージーの湿地の上空を急降下していったとき、わたしの目は何ひとつちがいを見なかったし、心も何ひとつちがいを感じずに、まるで自分も飛んでいるかのような興奮を覚えて高鳴った。まさしく、一九五一年にアラスカの自然保護区に棲むペレグリンハヤブサがこの高高度飛翔スタイルで狩るのをはじめて見たときのように[28]。

要するに、野生のハヤブサと飼育下繁殖されたハヤブサは、機能面からも美しさの面からもなんらちがいがないことをケイドは示している。ハヤブサが爽快に飛翔する生き生きとした風景を前にしたら、遺伝子上や分類学上の相違はどうでもよくなるものだ。

ハヤブサにとっての成功は？

一九九九年、熱烈な祝福とともに、アメリカ絶滅危惧種保護法（ＥＳＡ）のリストからペレグリンハヤブサをはずす決定がくだされた。アル・ゴアがＥＳＡを称える声明を発表した。「今日、繁殖中のペレグリンハヤブサのつがい一三〇〇あまりが［原文ママ］、四一の州の空を帆翔している」と彼は感激をあらわにし、「われわれが環境を保護し回復させると同時に経済を強化して、いっそう住みよい未来を築ける証だ」と語った[29]。めでたし、めでたし。生態学的な原状回復がいくらか実現され、ペレグリンハヤブサは救われた。保全活動の勝利だ。だが、この物語は完結にはほど遠い。化学汚染物質はいまなおハヤブサの個体数を脅かしている。たとえば、スウェーデンの研究者たちが、ポリ臭化ジフェニルエーテル（ＰＢＤＥ）などの難燃剤がペレグリンハヤブサの卵に高水準で含まれているのを発見した。おまけに、問題を引き起こす化学物質には、気が滅入るほどなじみ深いものが多い。ヨーロッパと北米では農薬の使用規制がきびしくても、農薬企業はほかの場所に有望な市場を抱えている。アフリカの農業地帯の一部で農薬がラナーハヤブサの局地的な絶滅をもたらしたし、南米やメキシコで越冬したのちアメリカへ戻って繁殖するアメリカハヤブサは、体内のＤＤＥ水準が高い。

そして西洋ではめったにニュースにならないが、大規模な生態学的大惨事もいまなお起きている。モンゴルはセーカーハヤブサの最大の棲息地であり、その個体数はハタネズミの個体数の周期に応じて増減する。ところが、ハタネズミの数が多い年はステップの草地が裸地と化して遊牧民の生活がき

巣の近くで死んでいたモンゴルのセーカーハヤブサ。死因は人工撚糸が絡まったことだ。繁殖能力のある成鳥の死は、ハヤブサの個体数に大きな影響をもたらす。

びしくなるので、モンゴル政府は近年、ステップの広大な範囲に殺鼠剤を散布してきた。二〇〇一年、政府の空中散布によって、穀物が推奨濃度の百倍もの殺鼠剤ブロマジオロンで汚染された。ブロマジオロンは、特許保有国のアメリカでは戸外での使用が禁止されている。モンゴル国内では、結果として、セーカーハヤブサほか猛禽類の個体数が激減した。

　棲息地の消失も、多くの国でハヤブサの個体数を脅かしている。中央アジアでは、集団農場が崩壊したうえ、遊牧民もハヤブサ棲息地の大半で放牧をやめたことから、以前は草原だったところに低木の茂みや森林が出現し、一部の地域で、セーカーハヤブサがおもに捕食していた哺乳動物であるジリスの個体数が減ってしまった。モンゴルのセーカーハヤブサはさらに、ステップに散在する非生物分解性のビニール製撚糸や縄の犠牲にもなってきた。それらが絡まって営巣中の多数の鳥が命を落としている。共産主義が崩壊したこと、アジアのステップが広範に切り開かれたことも、この地域に棲息するセーカーハヤブサに深刻な問題をもたらした。ハヤブサ密輸集団が組織化され、金に困った地元民もアラブの鷹狩り市場でひと儲けしようと関心を向けだしたのだ。棲息地の深刻な分断化とこの地域での個体数の減少が進んでいる。セーカーハヤブサはかつてヨーロッパから中国にかけて広く姿が見られたのに、個体群がふたつに分かれ、いずれも年を追うごとに規模が縮小している。

この問題の大きさが広く認識されはじめ、ペルシア湾岸諸国全域でハヤブサの動向を追跡するための個体識別データベースが創出された。この地域の政府の多くが、生物学的に持続可能な野生ハヤブサの捕獲に関する公式な合意をめざしている。政策作成の主体となってきたのは、アラブ首長国連邦の環境調査・野生生物開発局やサウジアラビアの国家野生生物調査保全開発委員会といった組織だ。これらの組織は、アラブの鷹狩りにかかわるほかの問題にも取り組んでいる。たとえば、ラガーハヤブサに深刻な被害をもたらすパキスタンの伝統的なハヤブサ捕獲手法で、これはペレグリンハヤブサやセーカーハヤブサを罠にかけるさい、ラガーハヤブサをバラクつまり囮の鳥として用いるものだ。これらの組織はさらに、フサエリショウノガンの個体群の生態研究や保全も行なっている。アラブの鷹狩りでは最も伝統的な狩猟動物で、この地域の大半で鷹狩りによって強烈に圧迫されている種だ。

セーカーハヤブサの尾羽。

現在は世界各地でハヤブサを殺すことが違法なのに、この鳥はいまなお銃で撃たれ、罠で捕獲され、毒に冒されている。イギリスのスコットランド、北アイルランド、ウェールズ北部では、直接的な迫害が原因で数が減少しつつある。猟場管理人のなかには、ライチョウの数がしだいに減っていくのを見て、ハヤブサは自分たちの生計をじかに脅かす存在だと考える人々もいる。ペレグリンハヤブサの巣近辺に住むレース用ハトの所有者たちも、ハトの群れが受けた被害を嘆く。彼らにとって、ハヤブサは純然たる邪悪な殺戮者だ。両者とも、ハヤブサの批判を寄せつけない文化的地位に困惑している。なにしろ、カラスやキツネもライチョウやハトを殺すが、それらは法的な規制が可能だ。鳥類保護団体でさえ自然保護地域内で駆除している。ハヤブサはカラスやキツネと何がちがうのか？　こうした問いは、ハヤブサすなわち野生生物のイコンという見解を揺るぎなき自明の真実とみなす鳥類保全論者にとって、不可解に思える。ゆえに、保全派はハヤブサの個体数を抑えるよう求める人々に、見当ちがいだの、邪悪だのとレッテルを貼る――というわけで、両者間の対話はほぼ不可能になっている。当然ながら、これは不幸な物語であり、自然とはどういうものかをめぐる論争から生じる問いは、政策策定者、鳥を愛する人々、ハヤブサをそれぞれ等しく苦しめているのだ。

第五章　軍隊のハヤブサ

ワシが縄張りを猛然と守る理由と、各国が自国の国境を守る理由を比較、対比しなさい。[1]

調教されたペレグリンハヤブサが、ブラックバーン・バッカニアのＡＲＩ８２２８受動警報レーダーの上で不動の姿勢をとっている。イギリスのこの強力な低空核爆撃機の上で身構えて、いまにも飛び出さんばかりだ。開いた操縦席の丸い覆い(キャノピー)を背景に、標的の影を探してはるか地平線に目を走らせるその姿形は、戦闘機にそっくりだ――不在のパイロットのみごとな象徴的代役でもある。顔の黒い部分も、飛行士用ヘルメットを思わせさえする。ここで何が起きているのか。これもまた、複数の世紀と文化にまたがるハヤブサと戦争のかかわりを具現化した事例であり、歴史からこぼれ落ちた断片にすぎないのか。

そう見えるかもしれない。ロシアの鳥類学者Ｇ・Ｐ・デメンチェフが、「鷹狩りは戦争の姉妹である」という古代の「東洋の諺」を紹介している。[2]八世紀のテュルク系民族の戦士は、戦いで死んだのちシロハヤブサになると考えられていた。チンギス・ハンは自軍の兵士を鷹狩りの一団に偽装させたし、五世紀の中国のハヤブサは尾に軍の通信文をくくりつけて運んだ。そして鷹狩りは、鳥だけでなく軍

空の防衛者。雌のペレグリンハヤブサとブラックバーン・バッカニア。

人も訓練した――十六世紀の侍の心得書には鷹狩りの項があり、中世ヨーロッパでは鷹狩りが騎士の教育の一環をなしていた。騎士の資質を育成し、戦闘技術を磨くと考えられていたわけだが、同様の美徳は今日なお人々を魅了する。鷹匠にして著述家のニック・フォックスは、鷹匠が発達させる戦略的思考は、会議室での――願わくば流血の少ない――戦いで強みを発揮すると示唆している。まだまだ事例はある。十七世紀のイギリス王党派は、砲弾重量二ポンドのファルコン砲で議会派の軍勢と戦った。三世紀後、アメリカの空軍は自軍の二五〇トン核弾頭搭載空対空誘導ミサイルにＡＩＭ26ファルコンと名づけた。一九四六年のあるアメリカの書籍目録は、ペレグリンハヤブサの卵を〝原子爆弾〟と表現している――やるせないほど皮肉な暗喩だ。なにしろ、これらの卵はまずまちがいなく、死の灰と同じくらい目につかず致死的な農薬に汚染されていたのだから。

　だが、バッカニアのハヤブサはマスコットではない。戦闘機の役割をなぞる生きた鳥、文字どおり兵器化された鳥なのだ。イギリスの防空システムに不可欠な要素であり、潜在的な破壊者――すなわち、カモメ――から戦闘機を守ることを任務とする。一九四〇年代にアメリカがミッドウェー諸島でアホウドリ群棲地のまっただなかに空軍基地を築いて以来、鳥類学は軍事科学の一部門となっている。一羽の鳥が吸気口に吸いこまれるか、キャノピーを猛スピードで抜けていくだけで、戦闘機は空対空ミサイルによる破壊と同じくらい派手に散りかねない。ミッドウェー諸島で、アメリカ海軍は解決策として過激な棲息地管理を思いついた。島の大半を舗装したのだ。なにしろ、アホウドリはコンクリートには営巣しないのだから。

だが、問題が生じるのは太平洋の戦域だけではない。どこであれ、飛行場の草地はムクドリやカモメといった群れをなす鳥を惹きつける。銃で撃とうが、車両で脅そうが、瞬時に滑走路や作戦空域から追い払うことはできない――だが、ハヤブサにはできる。部隊に加えよ。そう、バッカニアにとまったハヤブサは、一九七〇年代から、スコットランドのロジーマス海軍航空隊基地に駐留する海軍鷹狩り部隊の一員なのだ。鷹匠のフィリップ・グレイシャーによって創設されたこのチームは、将校、記者、カメラマンの支持を取りつけるために、〝実弾を用いた〟実演をしてみせた。フライトラインに集まって固唾をのんでいた海軍の将校たちは、半信半疑だった。ハヤブサが軍の滑走路から安全に邪魔者を排除できるとは思えず、「頭のいかれた鷹匠のやつらが自分たちの飛行場でわが物顔にふるまうのがおもしろくなかった[3]」。だが、グレイシャーの実演は完璧だった。滑走路に居座るセグロカモメの群れめがけて放たれるや、ハヤブサはあっという間にすべて追い払った――後れをとった不運な一羽だけ空から引きずりおろして。

今日、同様の鳥類排除部隊が世界各地の軍事飛行場で任務についている。マスメディアはその華々しさを歓迎するし、大衆にとっては猟銃よりも〝環境にやさしくて〟許容できる鳥の抑制手法だ。そして軍もこの手法を好む。鷹狩り部隊は空軍力という概念を効果的に自然化するからだ。言外の主張は次のように続く。もし軍が、ハヤブサの自然な行動が戦術的空中戦の生物版であると証明できるなら、だれが空中戦を悪とみなせるだろう。これは自然なものなのだ、と。巧妙な議論展開であり、わたしたちは全面的に認めざるをえない。そうしないと、バッカニアにとまったあのペレグリンハヤブサが不条理に見えてしまう。自然化がうまくいく理由のひとつは、戦争と自然が従来まるきり隔たった領域とみなされてきたことだ。軍事歴史家のカール・フォン・クラウゼヴィッツは「戦争は人的交流の一形態である」と書いている[4]。だが、軍隊とハヤブサの奇妙な歴史をひもとくと、戸惑いを覚えると同時に、愉快でもあり、ぞっとさせられもするが、戦争と自然はまるきり隔たった領域だとする従来の説は偽りだとわかってくる。

アメリカの干渉主義的な外交政策を念頭においたうえで、カリフォルニアのマーチ空軍予備役基地で鳥の排除を請負う人間のことばを読んでみよう。「ハヤブサが飛べば、どこであれそこは彼らの縄張りになる」と、彼は一九六六年に『シティズン・エアマン（*Citizen Airman*）』誌で説明している。「鳥の王国では、境界線はきわめて重く受けとめられる。生きるか死ぬかの問題なのだ」[5]。困った話ではないか。これらのハヤブサはもちろん、縄張り意識で行動しているわけではないのだから。侵入者から縄張りを守っているのではなく、狩りをしているのだ。さらに重要なことに、この混同は科学の本質にかかわる問題を示す。ほかならぬ鳥の縄張りという概念に、軍事的な歴史があるからだ。この概念についてはじめて述べたのは、イギリスの鳥類学者エリオット・ハワードで、第一次世界大戦によっ

この報告書の表紙で、猛禽類と航空機を国ごとに組みあわせている。ラナーハヤブサとF-16ファイティング・ファルコンがヨルダンの領空を分かちあっているわけだ。

て国家間の領土権の血なまぐさい現実が大規模かつ決定的に確立された直後のことだった。そして一九九〇年代後半、戦術的空中戦が大っぴらに自然化されるなかで、マーチ空軍予備役基地の鳥類排除プロジェクトの責任者は、「アメリカが航空母艦をイラク沖に配備し、戦闘機を出撃させて制空権を確立するのと、まさに同じことをわれわれのハヤブサは行なっている」と熱を込めて説明した[6]。

だが、どういう意味で同じなのか。ハヤブサは戦闘機なのか。両者とも、物理的な可能性の限界に挑む存在と考えられている。両者とも、冗長性の余地がないくらい精密に形づくられ機能する、完璧に進化した物体とみなされることが多い。ハヤブサは長らく、未来の航空術の夢を体現する形とされてきた。ペンシルヴェニアの鷹匠、モーガン・バースロングによると、一九二〇年代に、ある航空エンジニアが、調教されたペレグリンハヤブサが強い向かい風のなか翼を鋭い三角状に引いて滑空していく姿に見惚れていたという。「あのシルエットを見たか？」とそのエンジニアは興奮して言った。「われわれがじゅうぶん強力なエンジンを開発したら、飛行機はあの形になるはずだ[7]」。そしてそのとおり、ジェネラル・ダイナミクス社のF‐16〝ファイティング・ファルコン〟はこの鳥にちなんで名づけられたし、この航空機の設計中に航空エンジニアがペレグリンハヤブサを風洞実験〔装置や施設内に人工的に気流を発生させて、圧力などを測定するもの〕に使ったという逸話もいくつかある。こうした逸話は出所が疑わしいが、それでもずっと語り継がれてきたのは、航空機をただの物質以上のもの、自然のお手本であるハヤブサと同様に機能も形も高度に進化したものだと示したい願望ゆえだろう。テストパイロットの格言にも「見かけが正しければ、正しく飛ぶ」とある。そして戦争と鳥の対応関係は、重大な観念的意義を担わされることとなった。カンザスに本拠をおく〝インテリジェント・デザイン〟という組織が、生命と宇宙の起源には知性的(インテリジェント)な計画があったとする説の裏づけに、飛行機とペレグリンハヤブサを例に挙げているのだ。

ハヤブサを動員する

だが、二十世紀のハヤブサは、飛行場から邪魔者を排除する任務や軍の象徴をはるかに超える軍事的役割を務めてきた。第二次世界大戦ではハヤブサも動員され、しかも双方の陣営のために飛んだ。連合軍の航空機は伝書鳩を入れた箱を運び、まんいち敵陣内で撃ち落とされたらそれを放つことになっていた。ところが問題がひとつあった。野生のイギリスのペレグリンハヤブサが、海峡を越えてくるこのハトを捕まえて食べたのだ。驚いた航空省は、南海岸に巣くう売国奴のハヤブサを駆除すべしと命じた。一九四〇年から四六年にかけて、およそ六〇〇羽が銃で撃たれ、多くの卵が壊されて雛が殺された。そのいっぽうで、連合軍のペレグリンハヤブサが〝兵役〟についた。鷹匠のロナルド・スティーヴンズは、ハヤブサを――なんらかの形で――戦争に使えると確信していた。一八七〇年のパリ包囲中に、調教されたドイツのハヤブサがフランスの伝書鳩通信を妨害する目的で使われた話を、彼は耳にしていたからだ。そして、すみやかに仕事に取りかかった。友人のひとりと、実験模型を作成したのだ。「そのうえで、包囲中の都市の周囲に鷹匠をぐるりと置き、戦線突出部を鷹匠でカバーし、敵陣の背後に鷹匠の〝網〟を張り、というふうに、およそ考えつくあらゆる形で鷹匠を配備した」と彼は説明している[8]。うまくいきそうな見通しにわくわくしつつ、彼はその模型の写真を、包括的な兵站分析とともに航空省に送った。

スティーヴンズはおそろしく説得がうまかったようだ。極秘ハヤブサ飛行隊が編成され、調教を受け、一九四一年から四三年にかけてキーへイヴン近くのシリー諸島上空および東海岸を哨戒飛行した。海岸線を囲む極秘のレーダー網を補強する生物として、彼らの任務は、ドイツ軍の高速魚雷艇などから放たれた〝敵バト〟を迎撃することだった。この秘密プロジェクトに関する独占記事が、のちにアメリカのメディアに登場している。「友軍鳥による作戦は、航空機と同様に管制され、どの鳥もつねにどこにいるか把握されていた」と記事は熱を込めて説明する。「ハヤブサは哨戒任務中の航空機と同じく円を描いて高高度を飛ぶよう教えられ……羽がはらはら落ちてくると、ナチスの鳥がまた一羽死んだことを意味した」[9]。ここで暴露されなかった秘密は、この作戦の実質的な成果はほぼゼロだったことだ。多くのハトが殺され、一羽か二羽が生きたまま捕らえられたが、通信を運んでいたのはわずか二羽だった。ある英国空軍の司令官は、捕虜となったハトの運命をそっけなく述べている――国防省の鳩小屋で〝イギリスのハトを生み出す〟仕事につかされた、と。だが成功しようがしまいが、たいした問題ではなかったようだ。ペレグリンハヤブサは飛びつづけた。情報部、王立通信軍団、空軍の将校たちはこの部隊をたびたび訪問しては「スリル満点の」実演飛行を眺め、「タカの仕事ぶりにいたく感銘を受けた」[10]。当然の話だ。ハヤブサは高速で思いのままに飛び、獲物に追いついて武装解除したのち〝敵の一掃〟で任務を終えて、名誉の戦いという概念を自然化した。ハヤブサは道徳的な捕食者だった。一九四八年に、フランク・イリングワースが、崖の上のペレグリンハヤブサ実演鑑賞会についてこう述懐している。「じゃれあう野生のペレグリンハヤブサ二羽によって、模擬戦がみごとに実演された」。彼は次のように続けた。

あの戦争前の朝にわれわれが眺めた鳥たちのおびただしい動きは、バトル・オブ・ブリテン〔第二次世界大戦中、イギリスの制空権をめぐってドイツ空軍とイギリス空軍が行なった一連の航空戦〕の最中に同じ空で目にしたどんな光景にも劣らない……鋭い羽ばたきが数回、機関銃の断続音を思わせるけたたましい鳴き声が数回、そしてその雄は黒い急降下爆撃機さながら〝さっと進路をはずれる〟……超一流の戦闘機二羽が、ただ体を動かすのが楽しくてたまらないようすで模擬戦に興じていた[11]。

こうした一節では、古くから認識されてきた〝ロマンチックな正義〟のなかで、空軍力の伝道がハヤブサと合体する。空の時代の黎明期からずっと、一連の思想が、戦闘機パイロットは一騎打ちで技量や度胸を好敵手と競いあう貴族階級であり、泥まみれの歩兵どもの汚らしい現実をはるかに超えた存在だとみなしてきた。通例、空中戦は騎士道時代への逆戻り、パイロットは〝空の騎士〟と考えられた。こうした夢想が、マイケル・パウエルおよびエメリック・プレスバーガー監督の一九四四年制作映画『カンタベリー物語』の冒頭でみごとに表現されている。パウエルはこの映画を、物質主義に対抗する十字軍にして、イギリスの歴史的な連続性、および精神的価値の永続性への賛歌と考えた。映画は、説話集『カンタベリー物語』総序の朗読――鷹匠フィリップ・グレーシャーのいとこ、エズモンド・ナイトによる――で幕をあける。中世の巡礼路の地図をたどるうちに、映像がフェードアウ

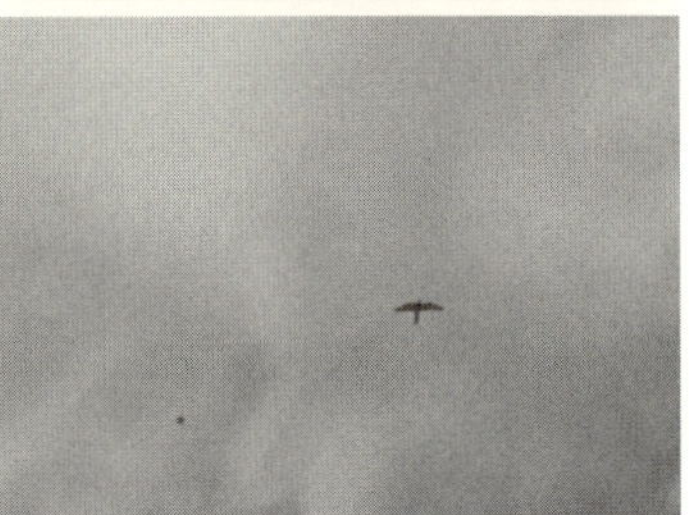

「あれは鳥か？　飛行機か？」マイケル・パウエルとエメリック・プレスバーガー監督の1994年制作映画『カンタベリー物語』冒頭の一連のスチール写真。

トして、チョーサーの巡礼者が馬に乗って高地のなだらかな牧草地をくだっていく場面になる。ひとりの鷹匠がフードをはずしてハヤブサを放つ。あお向けの彼の顔のあとにハヤブサの飛翔場面が続き、羽ばたく翼がケントの灰色がかった空に曲線を描く。その姿が急降下中の戦闘機スピットファイアに変わるところは、二十年後にキューブリック監督が『二〇〇一年宇宙の旅』で見せた骨から宇宙船への有名な転換を予示する、切れ味のいいカットだ。そして画面は鷹匠の上向きの顔に戻る。いまや彼は上空の航空機を眺める兵士で、中世の巡礼者の列の代わりに、軍事演習の隊列がカンタベリーに向けてくだっていく。イギリスの神話的過去の象徴であるハヤブサを軍用機と融合させたことで、国家の伝統という概念と空中戦による近代防衛が強力に結びついた。鳥のイメージを通じて回復しうる本質的、継続的な国家アイデンティティだ。

映画『カンタベリー物語』が、なぜイギリスを守る必要があるのかを戦時中のアメリカ人に示そうとしたのに対し、アメリカでは、ハヤブサの兵器化が突飛な形をとろうとしていた。「米国(アンクル・サム)を守る本物の軍用鳥(ウォー・バード)」という見出しが、一九四一年の『アメリカン・ウィークリー』紙に踊った。「必要とされるそのときが来たら、ファイティング・ファルコン〔戦うハヤブサ〕とハイフライング・イーグル〔高高度飛行のワシ〕が離陸して敵の伝書鳩を無力化させるかもしれない」。記事はこう続く。

国の航空機工場がアンクル・サムの増大する飛行機隊のために爆撃機や戦闘機をせっせと製造するかたわら、陸軍通信軍団の将校たちは……別種の軍用機(ウォー・バード)を兵役につけようと真剣に検討している。軍の人間には〝急降下爆撃機の原型〟として知られる……ハヤブサ二、三〇〇羽が、鳩調教センターのトーマス・マクルーア中尉の指揮によりフォートモンマスで調教を受ける予定だ[12]。

補佐役のルイス・ハーレ、アーウィン・サルツの両兵卒とともに、マクルーアは「ハヤブサの鉤爪と翼と胴体に鋭利なナイフを装着して自然の武力を増強する」ことをめざした。これらの鳥は敵の伝書鳩を殺して「伝令の死骸と通信を本部へ」持ち帰るよう調教されるが、「軍部はさらに、敵のパラシュートに突っこんで引き裂くか紐を切るようハヤブサに教えられるものと確信している[13]」。マクルーアは『ニューヨーカー』誌に、獲物を鷹匠のもとに持ち帰るのは従来の鷹狩りにおいて前例がないが、

25 U.K. Battle-Trained Falcons Will Stop Jap Fighting Pigeons

FIERCE FALCONS WILL PATROL JAP SKIES

Minsterly, Shropshire, June 5—(BUP) — A flock of 25 peregrine falcons will be sent to the Far East

tioned on England's east coast, th falcons were sent aloft when ob servers reported enemy carrie pigeons approaching.

マスメディアはトーマス・マクルーア中尉の「米国を守る本物の軍用鳥」としてハヤブサを用いる計画に嬉々として飛びついた。この写真では、マクルーアが右手で空を指している——ひょっとして、敵のハトを見つけたのだろうか。

正統性が効率を妨げてはならないのだと説明した。「戦いは鷹狩りとはちがう」と彼はきっぱり言いきっている[14]。マクルーアはハヤブサの寄贈を請う手紙をあちこちへ送り、フードをつけたハヤブサを連れてタイムズスクエアで宣伝演説を行なった。彼の扇情的な呼びかけは、見物人のひとり、鷹匠のジョージ・グッドウィンの心には響かなかった。アメリカ自然史博物館の哺乳類学担当学芸員を務めるグッドウィンは、驚きあきれた。「マクルーアが陸軍の典型というなら、海軍があってほんとうによかったよ！」。激しい怒りを込めて、友人にこんな手紙を書いている。

> 陸軍がペレグリンハヤブサに自軍と敵軍のハトを見分けるよう教える方法を開発したのは知ってるか？　そう、開発はしたが、そいつは公表できない軍事機密なんだと！　おめでたいね！……考えただけで頭がどうかなりそうだ。ハトの急襲哨戒計画とマクルーアについてじかに知ることができたのはいいが、やつらが催したショーを見ないでいられたらよかったのに、と心底思うよ。いまは、

あの光景を夢に見て飛び起きるんじゃないかと、不安で眠るのが怖いんだ[15]。

べつのアメリカ人鷹匠たちが〝なんとかしなくては〟運動(アクション)を立ちあげて、解剖学の教授であるロバート・ステイブラーがアメリカ合衆国魚類野生生物局の局長に手紙をしたためた。「この男とその部隊についてなんらかの調査を行なえないものでしょうか。アメリカの防衛を謳えば際限なくなんでもできるのですか[16]」。そして鷹匠であり陸軍飛行士でもあるラフ・メレディス大佐が、陸軍省にマクルーアの計画を実現させないようただちに策を講じた。

左から：アメリカ空軍士官学校幕僚長のＲ・Ｒ・ギデオン大佐、空軍士官学校校長のＨ・Ｒ・ハーモン将軍（〝マッハ1〟を抱えている）、鷹匠のハロルド・ウェブスター。

　メレディスはマクルーアよりもはるかに巧みなやりかたでハヤブサを入隊させた。タイムズスクエアでの催しなど必要なかった。コロラドスプリングスに新設されたアメリカ空軍士官学校の校長、ハーモン将軍とメレディスは友人だった。ロバート・ステイブラーの回顧によれば、第二次世界大戦が終結して数年後、彼とメレディスは「二羽のペレグリンハヤブサをつかみ、メレディスのジャガーに飛び乗って」ラウリー空軍基地へ向かった。空軍に必要なのはマスコットとしてのペレグリンハヤブサだと、メレディスは確信していた。ハーモンが「昼食をふるまってくれ、われわれはペレグリンハヤブサを椅子の背にとまらせて——ミセス・ハーモンもいたので——床に新聞を敷いた」。ハーモンはその二羽をスティルウェル将軍とヘイバーグ大佐のもとへやった。彼らは「手にのせるや、たちまちペレグリンハヤブサに魅せられた」。ステイブラーはスティルウェルが次のように言ったのを覚えている。

「よろしい、もちろん、この鳥も候補に加えよう」……たぶん、彼らはトラかタカか何かを検討していたのだと思う。「じゃあ、ペレグリンハヤブサやら何やらを士官学校の生徒に見せて、気に入ったものに投票させようじゃないか」。そして彼らは投票を行ない……ペレグリンハヤブサを空軍のマスコットにすると決めた[17]。

投票の日、ハヤブサの支持を呼びかけた将校は、演説を簡潔に結んだ。「ハヤブサは時速およそ一六五マイル〔二六五キロ〕のスピードで水平飛行ができる。降下速度は機密情報だ。かたやイヌワシは腐肉をあさる！　さあ、投票してくれ[18]」。一九五五年十月五日、最初のマスコットたちがとどこおりなく士官学校に到着した。移送中の怪我を防ぐために布でくるまれ、縛られて、空軍カメラマンに向けて高く掲げられた彼らは、制服姿の運搬人たちと同じくらい困惑しているように見えた。一九五六年以降、ハヤブサは士官学校のフットボールの試合でハーフタイムに航空戦力による支配の実演飛行をしている。空軍士官学校のウェブサイトは、ハヤブサがアメリカ空軍の戦闘上の役割をいかに体現しているかを説明する。彼らは高速で「軽々と優美に、見るからに楽しんで飛ぶ」。果敢にして恐れを知らず勇猛で「自分の巣と雛を侵入者から猛然と守る。自分の二倍以上の大きさの獲物でも迷わず攻撃して殺すことで知られる」。そしてもちろん、鋭い視力に加えて、「機敏さ、王者らしい風格、高貴な伝統」という特徴を持つ。[19] トム・ウルフのことばを借りるなら、アメリカ軍のハヤブサたちは〝正しい資質(ザ・ライト・スタッフ)〟なのだ（トム・ウルフは、宇宙開発黎明期の宇宙飛行士七名を描いた『ザ・ライト・スタッフ——七人の宇宙飛行士』の著者）。

バンド・オブ・ブラザース：アメリカ空軍士官学校のマスコットであるペレグリンハヤブサ三羽が、新居へ移動するあいだの怪我を防ぐために縛られ、テープを巻かれた姿で、はじめての名声に浴している。

舞台裏で、空軍士官学校の職員が新マスコットのハヤブサが入った箱を興味津々でのぞきこんでいる。

ハングリーと
ミスター・ガリレオ

ほぼ必然の帰結だが、空軍のハヤブサは月に到達した。一九七一年七月、デイヴィッド・スコット司令官がアポロ一五号の着陸船ファルコンの脇に立ち、グローブをはめた片手に空軍士官学校のマスコットである〝ハングリー〟という名のソウゲンハヤブサの羽を、もう一方の手に地質調査用のハンマーをつかんでいた。この逸話はスチールカメラには記録されておらず、ぼやけた録画映像——科学と大衆娯楽の奇妙で刺激的な混合物——としてのみ存在する。スコットの熱を帯びた声が月面通信のホワイトノイズのあいだから聞こえてくる。

> 今日、わたしたちがここに来た理由のひとつは、ガリレオという遠い昔の紳士の存在であり、彼は重力場での物体落下に関してきわめて重大な発見をしました……この羽はたまたま、着陸船ファルコンの名にふさわしくハヤブサの羽ですが、いまからわたしがこのふたつを落下させて、うまくいけばふたつとも同時に地面に届くことでしょう[20]……

そのふたつは並んで月面へ落ちていく。一時休止（ポーズ）。「これにより、ミスター・ガリレオの発見が正しかったと証明されました」とスコットが宣言する。すばらしい象徴化だ。鎌と槌（ハンマー）〔共産主義の標章〕

ならぬアメリカハヤブサの羽とハンマーが、どぎつい陽光を浴びながらオーラのような月塵のもやのなかを抜けていく。重要な実験のスコットによる再現は、宇宙空間を征服した科学の勝利の総括として放送された――アメリカが自然法則を証明する権利を誇示したのだ。タカの調教はまた、愛国心の証明にもなりうる。「煎じ詰めるなら」と、士官学校の鷹匠、カデット・ピーターソンが熱を込めて説明している。アメリカ空軍士官学校のハヤブサは「わたしたちに感銘を与える必要はないのであり、わたしたちのほうが彼らの信頼に足ることを証明しなくてはならないのだ[21]」。

月面に横たわるソウゲンハヤブサの曲がった風切り羽と地質調査用のハンマーは、ソヴィエトの鎌と槌に対する全米を挙げての反撃だ。

国や軍の象徴表現とこれほど相性のいい鳥にふさわしく、二十世紀のハヤブサの物語は諜報活動に満ちている。ときには、単なる文芸作品にすぎない。『フードをつけたタカのミステリー（*The Hooded Hawk Mystery*）』のなかで、ハーディ・ボーイズのペレグリンハヤブサは、ルビーを運ぶレース用ハトを殺して宝石密輸団の計画を阻止した。そしてときには、現実でありながら、同じくらい奇妙な事例もある。時を遡って一九四〇年、ニューヨーク・タイムズ紙がこんな見出しを載せた。〝ゲーリングがグリーンランドを訪問した狙いとは――陸軍航空隊の元パイロットが鷹狩り以外の目的を疑う〟。その下で、メレディス大佐が「ドイツがデンマークを掌握したいま、一九三八年にヘルマン・ゲーリング元帥によってグリーンランドへ派遣された〝鷹狩り遠征〟が重大な意味を帯びてくる」と示唆した。「たしかに」と彼は淡々と述べている。

ゲーリング元帥はわたしと同じくアマチュアの鷹匠だが、ドイツの経済的、政治的な激変期に、なぜわざわざ六羽のシロハヤブサを得るだけのために膨大な労力と費用をかけたのか疑問が生じる。この遠征隊のうち五名はグリーンランドで六か月近く過ごしたが、彼らは当時、重点的な一般監視の、そしてたぶん特別監視の対象にもなっていたはずだ。[22]

奇妙な対称形が存在していた。ゲーリングと空軍中将のサー・チャールズ・ポータル、すなわち独英双方の空軍の総司令官は熱心な鷹匠だった。そしてまた、最も悪名高き一九七〇年代のアメリカのスパイ、クリストファー・ボイスもそうだ。ボイスは偵察衛星の製造会社ＴＲＷに勤務していたが、職務外の活動としてカリフォルニアの山中でハヤブサを飛ばし、最高機密文書の粉砕機でダイキリをこしらえ、さらに〝ファルコン〟という暗号名でソビエト連邦に偵察衛星の機密情報を売っていた。このボイスを、ジョン・シュレシンジャー監督の一九八五年の映画『コードネームはファルコン』で、ティモシー・ハットンが演じている。シュレシンジャー監督は、ハヤブサのありふれた象徴性に大きく寄りかかる演出をして、ＦＢＩ捜査官がボイスを逮捕しようと迫る場面でペレグリンハヤブサの黒い目にカメラを長々と向けた。自由、無限の洞察力、制空権の大いなるモチーフだ。

ハヤブサ二〇二〇

だがもちろん、ではワシはどうなのかと尋ねる人がいるだろう。古代ローマ軍団が携えていた印はワシではないか、アメリカやドイツやオーストリア＝ハンガリー二重帝国の旗の標章はワシではないか、と。たしかに、そのとおり。だが、これらのワシが示すのは近代民族国家であり、現代の戦争ではない。ワシは大きくて立派でたくましい。古い型の戦争を暗示する――巨大な軍勢、歩兵の大規模な展開、重量感のある悠然とした強さ。かたや、ハヤブサは体が小さい。並はずれた速さと機動性と航続距離を誇る。ワシではなくハヤブサこそが、ポストモダンのネットワーク中心の戦い、すなわち世界的視野、スパイ活動、迅速な展開および電撃戦という概念からなる戦いの、象徴的動物なのだ。思想家のポール・ヴィリリオが〝純粋な〟武器と表現するもの、巨大な力ではなく、「目標に到達する速さとこのうえない正確さが――敵の展開の目視や偵察、選択的な攻撃とその隠密性（ステルス）についても同様に[23]――」破壊力の要素となる武器を、ハヤブサは自然化できる。

アメリカ陸軍は『ジョイントビジョン二〇二〇』といった非現実的な文書において、未来の戦場を夢想している[24]。デジタル化された世界、ハイテクノロジーと個人――兵士、パイロット等々――が継ぎ目なく統合された世界。あらゆるものの位置を把握し、ほぼ即時に介入する能力によって、軍事的優位性が確立される。複雑系および空軍力理論の専門用語にどっぷり浸かったこの夢想は、近年のイラクにおける一連のできごとによっていくぶん損なわれた。戦闘に勝つことと戦略的な勝利は別物なのだ。迅速さと全知に主眼をおくＣ４ＩＳＲは、抽象的な複数の概念――指揮（コマンド）、統制（コントロール）、通信（コミュニケーション）、コンピューター、情報（インテリジェンス）、監視（サーヴェイランス）、偵察（リコネッサンス）――の頭文字を組みあわせたものだ。このようにデジタル化された戦いへの渇望が大きいせいで、こうした軍事ネットワークに、人間という枠や地形の制約を超える形で動物が組み入れられた。

保全目的で野生生物を軍事偵察ネットワークに組み入れるという発想がはじめて議論されたのは、一九六六年のアメリカで、ＮＡＳＡが後援する野生生物会議でのことだった。登壇者のフランクとジョン・クレイグヘッドは、もはや血気盛んなティーンエイジの鷹匠兼カメラマンではなかった。いまや著名な野生生物学者にして、アメリカ海軍の第二次世界大戦サバイバルガイドを著した元現地諜報部員だ。彼らは野生生物の追跡に衛星を使えるかもしれないと提案した。おそらく、野生生物追跡データと地球観測衛星（ランドサット）の画像かアメリカ空軍／ＣＩＡのＵ-２型機監視プログラムの偵察写真を統合できるのではないか、と。彼らの論文には先見性があった。

ＤＤＴ時代のペレグリンハヤブサ保護の闘士、Ｆ・プレスコット・ウォードは、鷹匠であると同時に化学戦および細菌戦の専門家であり、メリーランドのアメリカ陸軍化学兵器試験場で生態学者として働いていた。そして、ペレグリン・ファンドが古い化学砲弾試験台から幼鳥の放野をみごとに成功させるのを手伝った。剣から鋤への転換だ。だが、ウォードはより大きな計画を胸に抱いていた。ツンドラハヤブサ〔ペレグリンハヤブサの亜種のひとつ〕の渡りの生態を大がかりに調査することだ。色が淡くて美しい、この小型のペレグリンハヤブサは、秋に南下する途中で東海岸の浜に集まる。近づいて触れるくらい警戒心が薄いせいで、長らく鷹匠に捕らえられてきた。鷹匠であり罠猟師でもあるアルヴァ・ナイやジム・ライスらは、このハヤブサがはるか北で繁殖し、南で越冬することを知っていた。だが、その正確な場所や渡りの経路を知る者はいなかった。一九三〇年代から四〇年代にはできるものなら答えを知りたい謎だったのが、DDT後の時代には重要な問いになった。DDTはアメリカ合衆国で禁止されたとはいえ、より南の国々ではなおも使用されていた。渡りをするこの個体群はまだ危険にさらされていたのだ。

そこで、ウォードとそのプロジェクトの仲間たちは、東海岸で渡りの途中のペレグリンハヤブサを捕まえて足環をつけた。ハヤブサに関心を抱くほかの研究者たち、たとえば北極圏の専門家で一九七二年のグリーンランドのペレグリンハヤブサ調査において中心的人物だったウィリアム・マトックスは、はるか北のほうでハヤブサに足環を装着した。越冬中のペレグリンハヤブサを目撃できるのではないかと、南へ向かった者もいた。全体としてこのプロジェクトは生物学的観点からと同じくらい、政治的にも興味深いものだった。アメリカ／ソビエト連邦野生生物研究会が署名した国際的な合意をともなうもので、ホワイトハウスのスタッフも研究チームに参加していた。だが、足環をつけたハヤブサと再会を果たすにあたって、政治はまるきり役に立たない。運に左右され、結果として得られた渡りのデータは必然的にまばらだった。もちろん、だれもが心から望んだのは渡りの完全な時空間的パターンの把握だ。そこで、無線送信機をハヤブサに装着して軽飛行機で追跡する実験が行なわれたのちに、小型の衛星送信機を背負わせる案が議論された。

放野直前の、衛星送信機を装着されたペレグリンハヤブサ。

一九八〇年代にはすでに、重さ一キロの衛星送信機が製造されていた。ホッキョクグマやカリブーの追跡にはすばらしい装置だが、どう考えても鳥にはいささか非実用的だ。とはいえ、軍と大学の共同研究がほどなく勝利を収め、新世代の小型衛星送信機が開発された。ＰＴＴとして知られるこの装置は、当初は約二〇〇グラムと、ハクチョウやガンの大きさでなければ装着がむずかしい重さだった。それがいまや、二〇グラムもない。このＰＴＴは、いずれは自然にはずれる入念に設計されたやわらかいハーネスを用いて鳥の背中に装着される。そして放鳥後は、頭上を通過する受信衛星に向けて発信された搬送周波数のドップラー偏移からその位置が遠隔的に測定される。アメリカ海洋大気庁（ノア）の気象衛星に搭載されフランスで管理されるセンサーシステム、アルゴスが信号を受信し、フランスとメリーランドのデータ処理センターで鳥の位置が算出される――そして、コロラドにある空軍宇宙軍団の追跡施設が各衛星の軌道要素を提供するのだ。

〝われわれは神を信じる。ほかはすべて監視する〟

ペレグリンハヤブサの渡りの研究は、二十一世紀に入って、アメリカ国防総省の〝飛行仲間〟プログラムと、民間／大学／政府共同の保全研究技術センター（ＣＣＲＴ）のもとで続けられた。国防総省は、所有する土地の面積がアメリカで三番めに広く、所有地内で絶滅に瀕した動物を保護する法的

ＣＣＲＴのロゴは、凝視する捕食動物のモンタージュでアメリカを表している

義務を負う。新兵器実験場やミサイル発射試験場はフィールド生物学者がそう簡単に入れる棲息地ではないので、衛星または無線による遠隔的な追跡が実際的な解決策となる。とはいえ、この手法で動物を監視するのは、アメリカ軍にとってもイデオロギー的な恩恵がある。一九四〇年代、アルド・レオポルドは生態学に土地メカニズムという概念を導入し、生態系を歯車や車輪からなる複雑な機関として隠喩化した。テクノクラシー的軍国主義の話法にぴったりくる自然の概念だ。ＣＣＲＴの生物学者は、送信機をとりつけたペレグリンハヤブサを「危険な農薬をはじめ生存への脅威があるホットスポットを渡りの経路上で」発見する「毒味役」と表現した[26]。彼らにとって、ハヤブサは環境評価のために出動させた生きた探査機であり、無人航空機（ＵＡＶ）プレデターと炭鉱のカナリアの交雑種（ハイブリッド）なのだ。だが、送信機をとりつけたハヤブサは単なる監視装置以上の存在でもある。ＣＣＲＴの生物学者トム・メクトルは、衛星追跡がいかに「動物を研究者のパートナーに変えた」かをしみじみと語った。「ペレグリンハヤブサは、ほかの鳥を見つけてサンプルを抽出するために派遣された生物学者とみなすことができる」と彼は説明する[27]。

メクトルのこのせりふはなじみ深い。ここにいるのは、研究対象との一体感を抱くハヤブサ生物学者であり、冒険好きなフィールド生物学者としての自己像をペレグリンハヤブサの瞳に投影したクレイグヘッド兄弟とまさに同じなのだ。そしてロサンゼルス・タイムズ紙のサイエンスライターであるロバート・リー・ホッツは、この新しい科学が古い手法を脅かさないことをなんとか示そうとしている。現代の生物学者のすべてが蛍光灯の光のもとでコンピューター画面を見つめ、鳥のさえずりに代えて空調のうなりに耳を傾けているわけではない。「こうした先進追跡技術にもかかわらず、生物学者たちは……いまも手で鳥を捕まえなくてはならないのだ」[28]と彼は書いている。冒険好きなフィールド生物学者という社会的アイデンティティは、衛星追跡システムの出現でゆらぎはしない。スタミナ、野外活動の知識、実地スキル。どれも、いまなお要求されるものだ。こうして、ハイテクノロジーおよび世界的な視野が、個人の英雄的資質およびフロンティア魂と結ばれる。

目のくらむような組合せだ。保全活動への恩恵に議論の余地はないが、これら防衛関連資金による追跡活動の内なる論理には思わず息をのんでしまう。個体識別されたハヤブサはそれぞれ地球のあちこちで追跡されながら、単なる位置情報以上のものを運ぶ。ＣＣＲＴは、送信機をとりつけた鳥を〝歩哨動物〟と呼んでいる。それぞれの鳥が、アメリカの技術的、軍事的優位性を象徴的に拡大し、同時に〝世界政府〟の環境保全という神話も提供する――世界的な監視システムが追跡する〝アメリカの〟ハヤブサたちは、ブエノスアイレスやアマゾン川の源流といったはるか南の空域に侵入しているのだ。これら補強されたハヤブサは、同じ規準では測れないふたつの世界を結びつける――軍隊／戦争の世界と、自然／平和の世界を。これらの概念は本質的に相反するように見えるが、衛星送信機をつけられたハヤブサがその溝を埋めてくれる。ハヤブサを戦闘機とみなす神話が、ハヤブサを手つかずの自然の比類なき象徴とする神話に出会い、送信機をつけたハヤブサは、自然と文化のふたつの体系のあいだ、国家の防衛（ディフェンス）と国内自然の保護（ディフェンス）のあいだに位置する中間点となる。送信機をつけたハヤブサを軍隊の究極の自然化とみなす人もいるだろう。なにしろ、軍隊は自然を守るだけでなく、生態系とは複雑な技術システムのひとつにすぎずＣ４ＩＳＲシステムに完全に組みこめるものだ、という考えを広めているのだから。

鳥に背負わせた新世代のＰＴＴは、速さ、温度、湿度、気圧を感知するセンサーと、デジタル音声記録装置、小型ビデオカメラまでも搭載している。聞き慣れた響きではないか。近年、アメリカの軍事無人航空システムの発達によって、ケブラー繊維とカーボンからなる小型軍事ドローンが生み出された。このドローンは戦場の数百メートル上空を浮遊または飛行して、軍用車両を追跡し、リアルタイムで部隊長のノートパソコンに映像を送る。さらにアイダホの軍事訓練場では、ＣＣＲＴが、衛星追跡中の猛禽類をＤＦＩＲＳＴと呼ばれる実戦訓練用のシステムと組みあわせて、猛禽類と軍事車両の動きを同時に追跡し、自動軍事追跡システムと自然資源の管理テクノロジーを統合しうることを実証した。鳥が、物体をつかさどるシステムのなかでひとつの物体として追跡される。そして、そのほかの物体がたまたま軍隊だったというわけだ。

それどころか、アラスカでは、アメリカ空軍がペレグリンハヤブサの巣を地対空ミサイル基地に指定している。「存在が知られている巣を疑似の〝脅威発信地域（パイロットが日常の訓練プログラムにおいて避けなくてはならない地域）〟に指定することで、空軍は現実的な訓練を継続しながら、営巣中のペレグリンハヤブサを保護してきた。現在、当該種の個体数は回復しつつある[29]」と、報告書は説明する。この言い回しはきわめてあいまいで、ペレグリンハヤブサの巣を戦術航空機訓練図に入れ

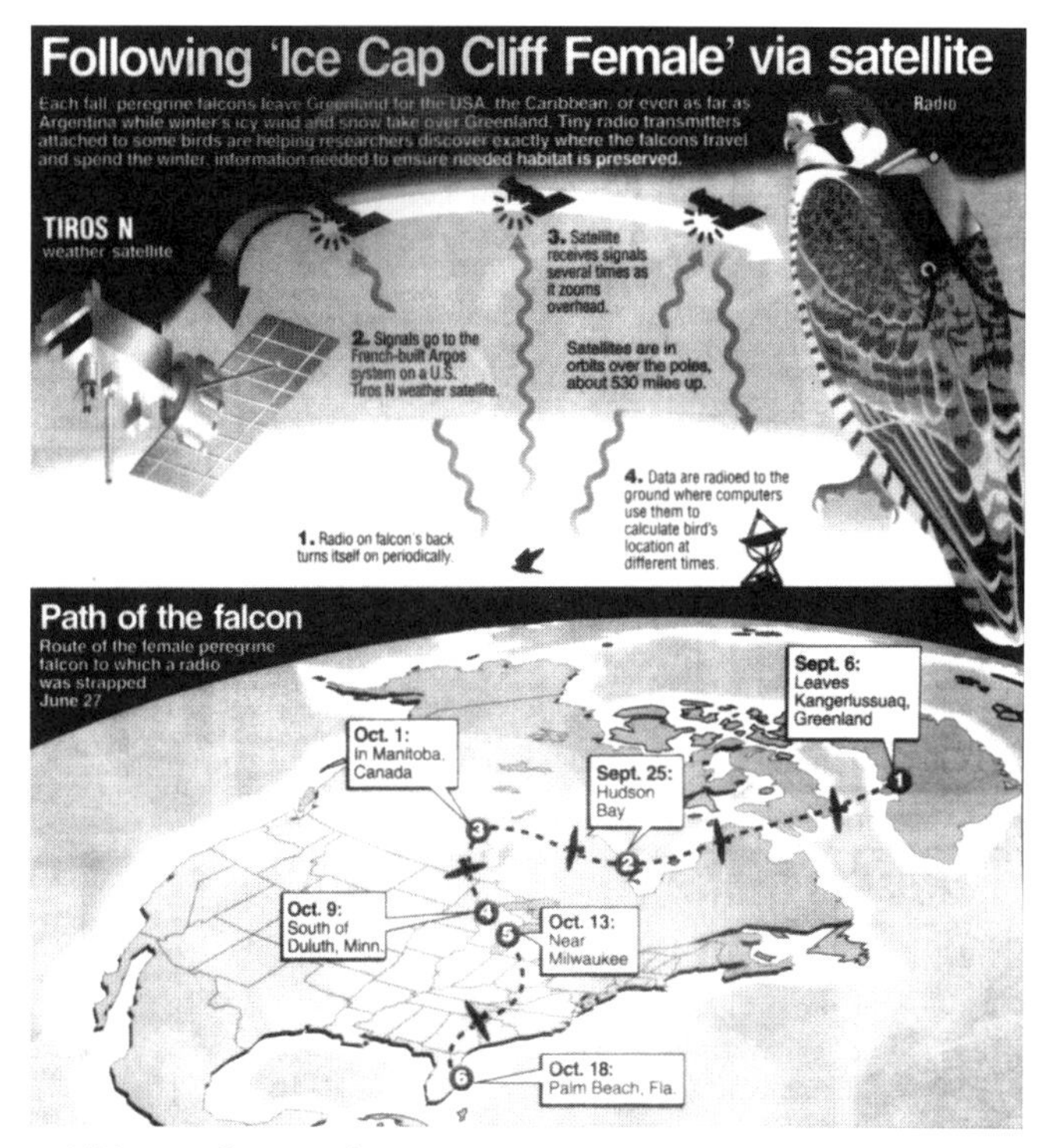

戦略航空軍団が『アニマルプラネット』と出会う——衛星送信機を装着されたハヤブサの移動経路図。

ることによって、アメリカ空軍がペレグリンハヤブサを保護、保全してきたのだとほのめかしている。ハヤブサの図像学についての特定の考えからすると、これはまさに真実なのかもしれない。自然と軍隊が多義的な資質を身につけた——戦闘用ソフトウェアを介してその位置が読まれ、軍用地図で示されたとき、両者は象徴的に等しくなった。ハヤブサを守ることすなわち、国を守ることなのだ。アッティラ一族ならさぞかし誇らしく思うだろう。

第六章　都会のハヤブサ

大都市においてさえ、ハヤブサの世界は人間の世界と異なり、わたしたち人間がハヤブサに会うために相手の条件に合わせて特別な努力をするという、希有な瞬間にのみ両者は交わる。[1]

チャールズ・タニクリフによる一九二三年の木版画のなかで、あなたはロンドンの上空を、そして飛行士の視点をもペレグリンハヤブサと分かちあう。眼下の街を支配し、同時にそこから切り離されているという感覚だ。あなたもハヤブサも、いちじるしく現代的なほかの能力、自身を歴史の流れに逆らわせる能力を持っている。以下は、ロジャー・トーリー・ピーターソンが一九四八年に記したものだ。

人類は太古の暗闇からペレグリンハヤブサを腕にのせて現れた。ほかのどんな鳥よりも冷静なその茶色の目は、文明化に向けた奮闘を、数千年前のアジアのステップに張られたみすぼらしい天幕から十七世紀のヨーロッパ王侯が住む大理石の城にいたるまでを目撃してきた。[2]

「人類は太古の暗闇からペレグリンハヤブサを腕にのせて現れた」歴史の記号表現としてのハヤブサ――デイヴィッド・ジョーンズによる1948年の水彩画『ヴェネドティアの領主（*The Lord of Venedotia*）』

野生動物のさして目につかない役割のひとつが、歴史の記号表現（シニフィアン）だ。その役割ができるのは、彼らが不死とみなされているから。もちろん、動物たちは肉体的な意味で不死ではないし、動物の不死性は理論学者によって支持されてもいない――彼らのうち少なくともひとりは、動物は言語を持たないので理論上は不死であると考えているのだが[3]。この種の不死は、はるかに単純な事実にもとづいている。ハヤブサはハヤブサである、というものだ。同じハヤブサ。いつ、どこに生きていようと。十四世紀のシロハヤブサは現代のシロハヤブサと見分けがつかないし、一九二〇年代の巣で撮影されたペレグリンハヤブサは、今日そこで撮影されたペレグリンハヤブサと見分けがつかない。文明は興って滅び、流行は変化するが、羽は同じままだ。というわけで、過去の、現在の、未来の、あらゆるハヤブサが日常的に、まるで一羽の鳥であるかのように表現される。象徴という形の標本なのだ。この〝不死性〟は、歴史的な意義づけという点で並はずれた能力を動物に与える。アンティークの花瓶と同じで、ハヤブサはそれが通り抜けてきた手から価値と意義をもらう。今日のシロハヤブサが賛美されるのは、ある意味、ヘンリー八世やチンギス・ハンが飛ばした鳥と同じだから、氷を頂く北極の崖に数千年のあいだ営巣してきた鳥と同じだからだ。こうして、ピーターソンのハヤブサは、ニーチェが現代の超歴史的精神と表現した資質を身につける。

タニクリフが木版画で描いたペレグリンハヤブサには名前がある。だが、それは姓であり、やはり不朽のものだ。その姓は、チャクチェク。ヘンリー・ウィリアムソンの貴族的ロマン主義の究極のイコンにして、一九二三年の自然寓話『ペレグリンハヤブサの冒険（*The Peregrine's Saga*）』――同じ著者による『かわうそタルカの冒険』よりもはるかに心をかき乱される物語――の英雄だ。チャクチェクの家系は太古からのもので、「人間の神々よりも古い」とウィリアムソンは説明し、イギリスらしさに不可欠な長期（ロング・デュレ）の枠組みにハヤブサを落としこんでいる。「チャクチェク家のある者はトラファルガーの海戦を目にした」と彼は続ける。「べつの者は、スダンの戦い〔普仏戦争の戦いのひとつ（一八七〇年）〕の前にフランス人の伝令鳩を殺した。ある者は、最初の砲撃がなされる前にイーペル〔第一次世界大戦中に何度か戦場となった町〕にいた」。さらに、こう続く。

チャクチェク家のある者はトゥー・リバーズ河口の空で狩りを行ない、船々がその砂嘴を越えてドレーク提督の艦隊に加わった。そして何世紀も前にフェニキア人が交易目的ではじめて訪れたときも、さらにはるか前、現在はウエストウォード・ホ！　のペブル・リッジがある場所に茂っていた森をムースがうろついていたころも、彼はそこで狩りをしていた――森の木々はとうの昔に砂の下へ消え、海にのまれてしまった[4]。

このハヤブサは、街の上空を飛んでいるがそこではくつろげない。都会の生活は社会的、精神的、道徳的な堕落へ導くものとウィリアムソンは確信しており、彼のハヤブサと現代都市との隔たりは大きい。この鳥は、眼下の「激しく波立つ流れ」に出入りするロンドンの低俗な住人たちの目には見えない。それが羽を休める歴史的建造物（ランドマーク）と同じ、象徴的領域に存在するのだ――セント・ポール大聖堂の十字架の上に、あるいは、トラファルガー広場の円柱に立つ、このハヤブサと同じく片目のイギリス人英雄〔ネルソン提督〕の上に、「鉤爪で引っ掻くようにして三角帽に降りたつ[5]」。

ウィリアムソンのハヤブサは、単に歴史の超越という点だけでニーチェ哲学的なのではない。この鳥は、西洋文明をその道徳的頽廃と将来展望の喪失から救う〝超人（ユーバーメンシュ）〟の類似物なのだ。ウィリアムソンの政治的見解について確信が持てずにいたとしても、この作品中の憎悪に満ちた反ユダヤ主義のエピソードを読めば一目瞭然だ。チャクチェクは、鳥を狙う網猟師、すなわち「ホワイトチャペルの不潔なユダヤ人〝小鳥商〟のために働く無精ひげの賤しい人間」に捕らえられてしまう[6]。網猟師はもちろん、この好戦的な〝超鳥（ユーバーフォーゲル）〟に肝を冷やす。チャクチェクが彼を襲って逃亡し、汚れなき空

ロンドンのはるか上空を飛ぶペレグリンハヤブサ。チャールズ・タニクリフによる、ヘンリー・ウィリアムソンの『ペレグリンハヤブサの冒険(1934年版)』の挿絵。

へ飛んで戻るのだ。この『ペレグリンハヤブサの冒険』は、ウィリアムソンがのちに従事したイギリスファシスト連合のための宣伝活動をまざまざと予感させる。

　ウィリアムソンがハヤブサをファシストのイコンに起用したことは、ハヤブサを失われし時代の精神とみなすロマン主義の長い伝統において、とりわけ心が痛むエピソードだ。それが太古の自然の活力あふれる精神であれ、輝ける神話と紋章の精神であれ、いずれも同時代のアメリカとヨーロッパの社会そして社会的習俗（モーレス）を映す、対照的な、突き詰めれば規範的な鏡として掲げられることが多かった。ハヤブサは一般的に、現代の街路にいる一市民ではなく、現代文明の対極、不朽の山々の後裔とみなされたのだ。一九四二年、アメリカ人鳥類学者のジョゼフ・ヒッキーは、ペレグリンハヤブサにとって〝野生性〟がいかに重要であるかを力説する科学論文を執筆した。高い崖がハヤブサを孤立させ、保護し、「崖の下の文明と称されるものの進歩[7]」から高みへ引き離しているのだと彼は考えた。そして、ほかのハヤブサ熱愛者の多くと同じく、都市化によって東海岸のペレグリンハヤブサが歴史的な崖からいなくなってしまうのを恐れた。とすると解せないのは、ヒッキーがその二年前に、ニューヨーク市の「いたるところ」でペレグリンハヤブサを目撃して大喜びしたことだ。「二週間前、七二丁目近辺をうろつく一羽を十分間も眺めていたら、あやうくブロードウェイを走る車に轢かれそうになった」と、彼は嬉々として友人に書いている[8]。

摩天楼のハヤブサ

だが、ハヤブサと都市についての一見矛盾するヒッキーの見解は、さほど奇妙とは言えない。というのも、ハヤブサはたしかに町に棲息するからだ。ラガーハヤブサはパキスタンの集落の通りによく出没する。黒色のシャーヒーンはインド南部の寺院の上で雛を育てる。ヒッキー自身も、ペレグリンハヤブサが十九世紀にソールズベリー大聖堂に営巣していたと報告している。そして、アメリカハヤブサが現代通商の大聖堂、つまり摩天楼にときおり営巣する事実にも、彼は気づいていた[9]。ヒッキーが最愛のハヤブサを眺めているその都市の上空を、摩天楼は支配していた。超現代的なものもあった――コンクリートと鋼(はがね)をまとってきらめくニューヨークのクライスラービルとエンパイア・ステート・ビルだ。ほかの高層ビルは従来の形のままで途方もなくかさを積み増された。たとえば、ニューヨーク州ロチェスターにあるコダック・イーストマン・ビルの鉄骨はテラコッタ建材を上貼りされ、三〇メートルのアルミ製の塔を頂いている。クライスラービルからははるか下の都市を見おろすように突き出すワシまたはハヤブサの頭部を持った怪獣像(ガーゴイル)の上にいる、イロコイ族作業員を撮影したベットマンの写真は、現代の精神が原始性に魅せられていること、猛禽類の視覚と力の暗喩が文字どおり具象化されていることを気づかせる。摩天楼の最上部で、ハヤブサは都市計画者の地図的な眺めを共有し、格子状の通りや、角張った石とガラスの大建造物を見おろす。作家のデイヴィッド・ナイが説明するとおり、

1940年代に、ニューヨークのクライスラービルの建設作業員が、崇高な鋼の止まり木の上でたばこ休憩をとっている。

これらビル群の高層階から望むあらたな眺めは表象的であり、たちまち企業幹部にとって欠くべからざる重要な条件となった。一九二〇年代には、オリュンポス山を思わせるオフィスからの眺望が、そのまま彼らの権力を視覚化したものと理解された。[10]

こうした高所からの眺めはじつに雄大だった。目にする人々の心に、グランド・キャニオンの縁やロッキー山脈の峰からアメリカの荒野を見おろしたときと同じ、畏怖の念や超越性を呼び起こした。だが、摩天楼からの壮大な眺めと崖の上や山頂からの眺めには、ひとつ決定的なちがいがある。前者の場合は、自然ではなく文明の総体が眼下に広がっていた。これは第二の自然であり、野生性を代替する都市景観だ。人類はたしかに、みずからの創造物の主であることを証明していた。

だが、べつの存在も、この景観を共有していた。生きたハヤブサだ。彼らは崖と摩天楼、自然と都市の相似性を自然化した。越冬中のアメリカハヤブサは都会の高層ビルの細長い出っぱりを崖に見立ててねぐらとし、猛スピードでハトを追いかけてマンハッタンの金融街にそそり立つ摩天楼の谷を飛び抜けていた。彼らも最上階の企業幹部たちと同じ、山上を思わせる景色を眺めた。両者とも、眼下のあくせくした都会のジャングルからはるか上にいた。そして、これら巨大なビルが企業と個人の力を示す有形の象徴であるがゆえに、その上で休んだり営巣したりするハヤブサは重大な象徴的役割を担うこととなった。なにしろ、洞察力と権力を表す最も壮観な自然のイコンが、競合会社ではなく自分の会社の本社をわが家に選んでくれたのだ。ハヤブサが崖を捨てて自分のビルに巣を作ったなら、たしかに、山と同じくらい不朽の大建造物の創造に成功したのだと言える。これは、自分だけのオリュンポス山なのだ。あたかも資本主義が、その最も歴然たる象徴に棲むことにしたハヤブサから決定的なお墨付きを与えられ、資本主義の攻撃的な競争性がハヤブサの補食行為によって自然化されたかのようだ。

一九四〇年代の最も有名な都会のペレグリンハヤブサは、文字どおり山のような大きさの建物に棲んでいた。サンライフ生命保険会社の本社で、モントリオールのドミニオン広場にそびえ立つおそろしく重厚な御影石の大建造物だ。一九三六年、ペレグリンハヤブサのつがいがサンライフ・ビルディングの〝所有権を主張〟し、地元のハヤブサ愛好家、ジョージ・ハーパー・ホールは毎日のように彼らを眺めることとなった。二年のあいだ、ハヤブサたちの営巣努力はことごとく悲劇に終わった。雌が卵を排水溝に産んでしまいすぐに水浸しにしたのだ。そこで一九四〇年、ホールはサンライフ生命保険会社からペレグリンハヤブサの未来を確保する許可を取りつけた。そして、砂利を詰めた浅い木箱をふたつ、二〇階の排水溝の上に据えるよう手配した。ハヤブサたちは箱を受け入れ、そのひとつに卵を産んで二羽の雛を育てた。ホールは大喜びした——翌年の春にハヤブサたちがまた繁殖するといっそう喜んだ。ところが、会社が五月にビル壁面の改修を予定していたせいで、都会のハトを餌にしてせっせと子育てをしていたハヤブサが、建設作業員に腹を立てて襲いかかった。作業員たちは退却し、問題の鳥が駆除されないかぎり仕事をしないと言った。すぐさま、ホールがハヤブサの広報代理人役を買って出て、彼らの運命をめぐる騒動は地元紙ばかりか全国メディアによって広められた。この問題に関してアドバイスを提供する手紙や電話がアメリカじゅうからなだれこんだ。なんとしてもハヤブサが無害だと作業員に示したがったある若者は、頭をつつかれて血まみれで退却し、ハヤブサをおおいに満足させた。サンライフはひっそりと改修作業を延期し、ハヤブサたちが生き延びて嵐が静まるのを待った。すべてがうまくいった。〝サンライフのハヤブサ〟と呼ばれるようになった二羽は、いまや世界一有名なつがいで、彼らの生活がアメリカや世界各地の記事、コラム、論説でもてはやされた。すると非難がどっと寄せられた。これらの鳥は宣伝用の見世物である、会社が管理する半家畜の鳥たちだ、と。「はたして、排水溝に粗板を数枚敷いて砂利で覆う……のを管理と呼べるのか?」とホールは反論した。

すべてのペレグリンハヤブサがこんなふうに讃えられたわけではない。この鳥は当時なお、さかんに迫害されていた。ニューヨークのハヤブサがよく訪れるビルの所有者のなかには、積極的に彼らを追い払い、雛を駆除する者もいた。リバーサイド教会の牧師は、ペレグリンハヤブサが教会の階段で

都会の空をのびのびと飛ぶアメリカハヤブサ。

ハトを殺すさまを信徒が目にするのをことさら悲しんだ。一九四〇年代のはじめには、女優のオリヴィア・デ・ハヴィランドが住むセントレジスホテルのスイートのバルコニー近くで笠石に営巣するつがいが、箒で武装したホテルスタッフによって木箱に押しこめられ、駆除された。その「尊大な鋭い鳴き声」と「無垢なハトを餌にすること」がホテル居住者の神経をかき乱したのだ――ただしデ・ハヴィランドはべつで、鷹狩りが趣味だったこともあり、ハヤブサ殺しに憤った[11]。ニューヨークの鷹匠、ヴァーノン・シーファートは、調教したハヤブサを自宅アパートメントの屋上から放って運動させていたが、思いもよらぬ方向から問題がやってきた。

問題は、マフィアがハトのレースにすごく熱心だったことなんだ……冗談っぽいけど……ただハトを愛し、レースを愛していた。ところが、ヴァーノンの鳥たちがそのうちの何羽かを捕まえちゃってて、マフィアは自分のハトが大切で……だからヴァーノンをニューヨークから追い出した。本当の話だよ。ひどく脅かされて、彼はニューヨークを去った。鷹狩りをやめようとしなかったから、「ほほう。そうかい？　このままですむと思うなよ。ひどい目に遭わせてやるからな」と言われたんだ。だから［コロラドに］やって来た。[12]

むやみに銃をぶっ放す狩猟家から危害を加えられないとはいえ、都市はハヤブサの幼鳥が育つのに理想的な場所ではなかった。とりわけ、巣立ちが早すぎた場合は。アライグマもキツネもいないが、猫や犬、トラックや列車がいるし、大きな一枚ガラスが空や雲を映してハヤブサの衝突を招くこともある――そしてハヤブサに対し、控えめに言っても相反する反応を示す住民たちがいた。一九四五年六月、パトロール警官のトーマス・マーフィーが西七三丁目で車の下と建物の玄関ひさしの上に見つけたハヤブサの幼鳥二羽は、最終的にブロンクス動物園に落ち着いた。だが、都市のペレグリンハヤブサの人生を終わらせたのは、こうした身体的な危険ではなかった。彼らの弔いの鐘は農薬によって鳴らされた。科学の進歩を見るからに受け入れていないながら、都市のハヤブサは消費社会の化学物質がもたらす影響を免れなかった。一九四九年、サンライフの雌が自分の卵を食べ、繁殖の失敗を数年繰り返したのち、つがいは一九五三年にドミニオン広場から姿を消した。サンライフ生命保険会社はたいそう残念がった。彼らの有名なハヤブサについて本を執筆するよう、ホールに依頼していたのだ。

ところが、ＤＤＴによる危機を受けて、ペレグリンハヤブサを野生環境へ再導入しようとたゆみない努力が続けられた結果、一九八〇年代に思いがけず、まったく新しい都市のハヤブサの時代が到来した。これら現代都市のペレグリンハヤブサが担う文化的意義は、じつにすばらしい。彼らは企業、政府、地元社会のあいだに架け橋を渡す手助けをし、自然と都市の関係を永久に変えてしまった。しかも先代の鳥たちとはちがい、名前を持っていた。

風と共に去りぬ

スカーレットが先陣を切って、セレブのハヤブサの時代を呼びこんだ。一九四〇年代のサンライフの雌は、世界的に有名ではあったが、彼女が広報役を務める企業以外の呼び名はなかった。だが一九七〇年代は、テレビが存在し環境意識が高まっていた、あらたな時代だ。不死のハヤブサの時代が、ふたつの重要な意味あいで終焉を告げた。まずはDDT危機により、この種そのものがもはや不死とみなされなくなった。ふたつめに、保全団体が放野したペレグリンハヤブサの雛は、もはや単に種名で表されるだけの鳥ではなかった。個体認識のための足環をつけていたのだ。

一九七九年春、飼育下で繁殖されてメリーランドのエッジウッド兵器庫の古い砲撃塔から二年前に放たれたペレグリンハヤブサの一羽が、ボルチモアにある保険会社USF&G本社の三三階に居を定めた。ペレグリン・ファンドは彼女の繁殖相手の候補二羽を〝ハッキング〟して放った——が、二羽とも姿を消した。ところが、いまやスカーレットと名づけられたその雌は卵を三個産み、ペレグリン・

ボルチモアの寵児、スカーレットが、都市の縄張りを見回している。

ワシントンＤ・Ｃで、飼育下繁殖されて放たれたばかりの若いハヤブサが、監視カメラの下にとまっている——政治、自然、マスメディアのひときわ強大な三角形だ。

ファンドから託された飼育下繁殖の雛を数羽育てた。翌年、さらに数羽の雄が、すべて『風と共に去りぬ』の人物にちなんだ名前をつけられ、スカーレットのために放たれた。雄たちは里子の雛を育てる手伝いをした。というのも、彼女自身の卵はすべて無精卵だったからだ。スカーレットは正真正銘のセレブ、観光客向けの呼び物、メディアの寵児となった。身の上話をもとにした児童書も出版された。そしてついに、一九八四年、足環をつけていない野生の雄をスカーレットが繁殖の相手に選んだ。ボーリガードと名づけられたその雄は、ほかの雄たちが失敗を重ねた難業をなし遂げた。スカーレットが有精卵を産んで、四羽の健康な雛を育てたのだ。雛たちがボルチモアの上空を力強く飛びはじめてほどなく、不幸にも彼女はカンジダ症で死んだ。感傷的な死亡記事が地元紙、全国紙いずれにも載せられた。そして巣は引き継がれ、スカーレットの死後にあらたな雌がボーリガードと一緒になった。

　飼育下繁殖されたハヤブサを高層ビルでハッキングして放つのは、ペレグリン・ファンド、カナダ野生生物局、そして同様の組織にとってすぐれた戦略に思えた。伝統的な崖の生育環境に放った場合につきまとう問題の多くが解決されるからだ。ひとつには、ボルチモアにしろ、ワシントン、モントリオール、ニューヨークにしろ、中心街にはアメリカワシミミズクがいない。そして高層ビルは、アパラチア山脈の切り立った崖肌が数十年前にそうだったように、平穏を乱す人間からハヤブサを切り離し、保護してくれる。だが、都市にハヤブサを放したせいで、予期せぬ副次的な結果がもたらされた。北米の都市でハヤブサの個体数がかつてないほど増加したのだ。だれもが、都市に放たれたハヤブサはこの不自然な環境から去って自然のハヤブサ棲息地に落ち着き、崖の巣で繁殖するものと考えた。ところが、これらの幼鳥は都市の〝棲みか〟に強く刷りこみされており、繁殖相手や巣を探して都会の産業地帯に引き寄せられた。一九八〇年代後半には、北米の少なくとも二四の市や町にペレグリンハヤブサが営巣し、都会の棲息地で驚くべきあらたな行動様式を身につけた。たとえば夜に狩りをして、街灯の煌々たる光のなかでハトをビルの出っぱりや屋上から引きずり出すようになったハヤブサもいる。

　都会のペレグリンハヤブサに対する都市住民の異様なまでの熱狂も予想外だった。一九八〇年代には、内務省長官がじきじきにワシントンD・Cの内務省ビルにハックボックスの設置を認めたし、魚類野生生物局は屋上のライブ映像を一般公開する監視システムを玄関ロビーに据えつけた。ワシントンでも、ボルチモアでも、監視カメラによるハックボックス内の映像を見ようと、昼食時にハヤブサビルの玄関ロビーに大勢の人が集まった。そしてうっとりと見入った。こうしたハヤブサの魅力はなんなのか。何が人々を引き寄せるのだろう。

本物の衝撃

現代世界から動物が失われていくことについて、多くが書かれてきた。この消失はさまざまな形をとっており、なかでも生物多様性の喪失と、種の絶滅がかつてないほど速まっていることがとくに懸念される。だが、動物はべつの意味でも消失しつつある。現代を定義づける要素のひとつが、人間の住環境から野生生物が姿を消しつづけていること、および「人間が自身を反映するにあたって同じ生物を再登場させていること」[13]だ。言い換えるなら、現実の動物、本物の生きた動物が日常の都市生活から広く消滅しつつある。そしてテレビ局、ドキュメンタリー映像制作会社、広告主等々の利害にもとづいて形成された動物像が、それらに取って代わってきた。ところが、動物は深遠で持続性のある現実の象徴だという考え――皮肉にも、メディアの描写によって少なからず育まれてきた考え――が、大勢の心に深く植えつけられている。人々は野生生物と触れあいたい、親しく交わりたいと切望し、そのためには日常的な場所、日常の営み、日常の暮らしから抜け出さざるをえないように見える。町や都市は日常生活の場だが、野生動物との交流場所はたいていかぎられていて遠い。イルカと泳いだり、自然体験旅行（ネイチャーツアー）に参加したり、船に乗ってホエールウォッチしたりするには、遠くまで出かけなくてはならない。

現代社会での野生生物の正しい居場所に関する思いこみがあまりに強いせいで、動物が思いがけず〝まちがった〟場所に現れると、その衝撃は途方もなく大きくなりがちだ。たとえば、電灯の下でコンピューター画面をにらんでいる事務職の人間が、デスクの左一メートルかそこらの窓台に突然何かがぶつかった音を耳にする。風になびく羽、ハトの死骸、それをつかんだハヤブサの姿が見え、気づいたら野生のペレグリンハヤブサとまじまじと見つめあっている。こうした遭遇はじつに大きな衝撃をもたらすので、体験した人は畏怖の念あふれる敬虔な口調でそれを語り、自分は選ばれし者であって、ハヤブサの抜擢で特別な霊的エネルギーを補充されたか救済を与えられたのだと考えてしまう。

最近まで、人間だけが都市環境に積極的に居住するものと考えられていた。ところが、都市のハイテクビルや産業用地にペレグリンハヤブサがいる事実は、都市地理学者が唱えてきたとおり、「都市生活にはテクノロジーや文化を超えるものがあること、いや、もっと言うなら、テクノロジーや文化には人間の企図を超えるものがあること」を示す[14]。近年、いわゆる〝都市緑化〟の重要性に関心が高まっている。環境保護を担う政府や関係当局にとって、これは政治的な投資の対象になりつつある。そして、都市の野生生物が自分たちの市民としてのアイデンティティーを確立する助けになることを、住民が認識しはじめた。たとえば、都会のペレグリンハヤブサは共同体を生み出す。彼らが存在するだけで、人々は自分の街や互いに対し、強くて長続きする〝愛着〟を覚えるのだ。おそらく何よりも強烈に胸を揺さぶる事例は、ハヤブサを研究するニューヨークの生物学者、クリストファー・ナダレスキーが語るものだろう。アメリカ同時多発テロ事件の数日後、彼はグラウンド・ゼロで〝夜勤のバ

“本物の衝撃”――雌のペレグリンハヤブサが獲物のアメリカヒドリとともに、トロントのオフィスの窓台にいる。

ケツ隊〟を手伝っていた。

四〇階から五〇階の上空で渦巻く茶色の煙に視線を移したそのとき、わたしは生存のしるしを目にした。ひとつがいのペレグリンハヤブサがあらたに生じたこの空間を旋回し、ウールワース・ビルディングの展望台に舞いおりたのだ……どういうわけか、この破壊された墓所で沈みこんだ気分が、ニューヨーカー仲間への連帯感を示してくれたハヤブサのおかげで、一時的に晴れた。[15]

ニューヨーク市でも、北米やヨーロッパの多くの都市と同じく、ハヤブサの各巣が、成鳥と雛を絶えず見守る人々の〝養子〟的な存在になっている。ハヤブサのつがいは、彼らが巣に選んだ土地の実社会を分かちあうものと――たいていは愛情を込めて、ときに皮肉っぽく――みなされることが多い。「ロイ

The Canadian Peregrine Foundation

Certificate of Adoption

is awarded with gratitude to

Helen Macdonald

on

February 14, 2005

in recognition of your financial support and concern for

Qetesh

a Peregrine Falcon whose chances of survival have been improved thanks to your efforts

Information about Qetesh

Qetesh hatched at the captive breeding facility in Wainwright, Alberta Canada in the spring of 1978. She was placed into the breeding program, and over a seventeen-year period both hatched and raised dozens of peregrine chicks that were released back to the wild in both Ontario and other parts of Canada as part of a national Canadian peregrine restoration and recovery effort to help save the species. When the Wainwright facility closed in 1996, Qetesh was transferred to the Great Lakes Raptor Conservancy in Simcoe, Ontario, where she continued to produce for another two years. Likely due to old age, she has stopped breeding, and in the spring of 1999 she was donated to the Canadian Peregrine Foundation for use in educational programs. Qetesh has adapted remarkably well to the spotlight, and is the star of the show wherever she goes.

WWW.PEREGRINE-FOUNDATION.CA

カナダペレグリン・ファンドはハヤブサを養子にする機会を提供してくれる。

スとクラークはミッドタウンのメットライフ・ビルディングで慌ただしい生活を営んでいるんだよ」とナダレスキーは説明する。「レッド・レッドとP・Jは健康志向の強いつがいで、以前はニューヨーク長老派教会コーネル医療センターに居を構えていた[16]」。現実に、ハヤブサとの養子縁組証明書がカナダペレグリン・ファンドから提供され、長年、都会のハヤブサ現象の最前線に位置する慈善活動となってきた。このファンドは、影響力の大きい教育プログラムと社会への普及プログラムを運営し、ウェブサイトを通じてハヤブサのデータ、画像、逸話をふんだんに提供している。

これら都会のハヤブサ共同体では、ハヤブサに物理的な働きかけができるのは生物学者だけだが、ハヤブサに関心を抱く多種多様な都会の人々のなかで、科学的な専門家はひとつの要素にすぎない。地域社会のひたむきなハヤブサ愛好者グループは、双眼鏡や望遠鏡越しにハヤブサを見守る。そして、自分たちを〝われら〟のハヤブサの守護者とみなしている。もっと広い都市共同体もやはり熱心で、地上の〝目と耳〟の役割を果たす。だが、おそらく最も突飛かつ斬新で、各巣をいちずに見守っているのは、仮想（バーチャル）の共同体だろう。いまや都市では、ウェブカメラがハヤブサの巣の多くに設置されて、インターネット上でライブ映像を提供し、次節で説明するとおり、本物のすばらしい共同体を育成している。

ハヤブサ中毒とバスローブ姿の准将

アメリカ各地の企業が、本社社屋に営巣するハヤブサを自社の環境保護姿勢の象徴に据えてきた。ソフトウェア大手のオラクルは、カリフォルニア大学サンタクルーズ猛禽類研究グループに二〇万ドル寄付して、教育プログラムやハヤブサのウェブサイトやプロジェクト人員向けの資金を援助している。二〇〇〇年から二〇〇二年にかけて、レッドウッドシティにあるオラクルの超現代的な本社敷地にハヤブサが営巣し、愛鳥家の社員の後押しで、この〝オラクルのハヤブサ〟は専用のウェブカメラを与えられた。「オラクルは、ペレグリンハヤブサをはじめとする絶滅危惧種の保全、保護活動に貢献しています」と、オラクル・ギビング・ボランティアのダイレクター、ロザリー・ガンは説明している[17]。

ニューヨーク州ロチェスター中心街のコダック本社で繁殖するペレグリンハヤブサのつがいは、都

ニューヨーク州ロチェスターのコダック本社、“コダックのハヤブサ”の棲みか。

会の鳥のなかでもとくに有名だ。なんと、彼らはここへおびき寄せられてきた。一九九四年、ロチェスター・ガス・アンド・エレクトリックの環境アナリスト、デニス・マネーがコダック社に、本社ビルの最上部付近、地上から一一〇メートルの高さに巣をひとつ設置できないかと尋ねた。会社は求めに応じた。四年後、ペレグリンハヤブサのつがいがその巣箱を見つけて繁殖した。ひょっとして、デジタルカメラを巣箱付近に取りつけてハヤブサの行動を記録できるのではないか、とコダック社従業員のひとりが提案した。会社はすぐさま行動に移し、オンタリオに本拠をおくカナダペレグリン・ファンド——他に先駆けて都会のハヤブサ向けのウェブカメラを設置した組織——と数か月におよぶ議論を交わしたのち、カメラを設置するとともに、ウェブサイトにライブ映像のフィードを設けた——こうして、世界的に有名なコダック・バードカムが発進した。

バードカムは魅惑的な現象だ。カナダペレグリン・ファンドの当初モデルをもとにしたウェブカメラの映

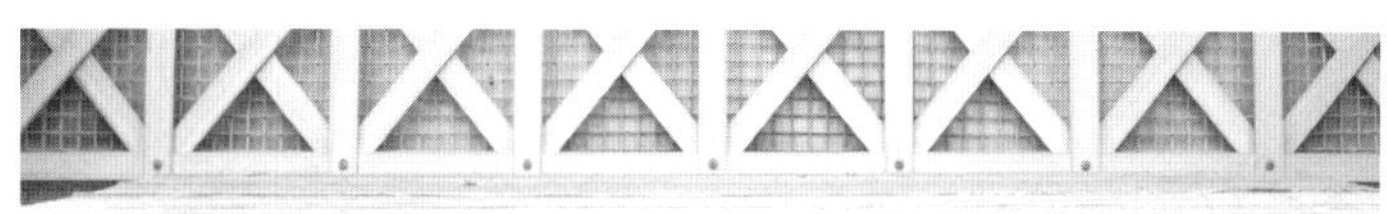

テクノロジーで補強された巣箱にいる“コダック”のペレグリンハヤブサの雛五羽。2003年6月。

像が、なかば教育目的、なかば宣伝目的、なかば製品紹介目的の洗練されたウェブサイトに埋めこまれている――そしてコダックのオフォト写真共有サービスを介して、そのウェブサイトからハヤブサの映像が購入できるのだ。ロチェスターでペレグリンハヤブサをじかに目にしたい人々へのコダックからの助言には、次のくだりがある。

> 威厳のあるこの鳥たちを目にしたら、きっとあなたは息をのむはずだ、だから装備を調えて写真をたくさん撮ろう。クローズアップ写真を撮りたいなら、望遠レンズはほぼ必需品になる。コダックのイージーシェアDX六四九〇デジタルカメラは、ペレグリンハヤブサの撮影に理想的な一〇倍光学ズームレンズを搭載している。[18]

初期のカナダのウェブカメラと同じく、地域社会の、そして国際的な〝ハヤブサ熱愛者（ファルコニア）〟の多様な共同体が、

〝コダックのハヤブサ〟との心の結びつきを共通項として形成された。その延長で、会社そのものとの結びつきも生まれた——なにしろ、このウェブサイトへの訪問者は文字どおりコダックの目を、すなわち固定焦点カメラ四台とコダックDC四八〇〇ズームデジタルカメラ一台を介して鳥を見るのだから。これらのハヤブサは、商標(ブランド)のセレブで、家系図と生涯がウェブサイトに示されている。バードカム掲示板に書かれたメッセージもじつに楽しい。ハヤブサに捧げられた詩があるし、目撃談もあれば、雛たちの健康状態を心配する問いあわせや、今年の雛がもうじき巣立つかと思ったら泣けてくるという告白もある。ハヤブサ関連の専門知識のなんたるかについて、共有された包括的な見解がある。これらファルコニアは洗練された集団だ。コダック社が環境問題への貢献を示すと同時にバードカムを介してハヤブサにかかわる背景には、重要なブランド形成メッセージがあることを、彼らははっきりと認識している——そして、それを茶化してもいる。〝鳥にこれを買わされた〟という見出しのメッセージには、「いまはもう、コダックということばを聞くだけでほのぼのした気持ちになるんだ……証券会社の担当者にコダックはいかがですかなんて言われたらどうなるか、考えるだけで怖いよ」とある。[19]

　同様の中毒仲間たちと中毒症状を共有するうしろめたい喜びが、多くの書きこみに見られる。「暇さえあれば書きこむようになった」と、ある常連は書いている。「初っぱなから〝バスローブ姿の准将〟なの。コンピューターの前に何時間も座って、家事はほったらかし」そして、次のように続けている。

ハヤブサの子育て期間中、うちの食事はファストフード、ピーナッツバターサンドイッチ、冷凍ディナーよ。子どもたちはそのほうがいいんですって！　ママのへんてこな野菜料理を無理やりのみこまずにすむから！　あの子たちは、何をやっていても、ハヤブサを見に来なさいってしょっちゅう呼ばれてる。ときには二階へあがってすぐに、おりてきてまた見てごらんって急かされたり。ほら、いい運動になるでしょう、階段を駆けあがっておりるのは！　ジャンクフードの腹ごなしね！[20]

テレプレゼンスと介入

コンピューター画面でハヤブサを眺めたら、実際にハヤブサを眺めたことになるのだろうか。ハヤブサカメラはメロドラマの別形態、テレビのリアリティー番組時代にぴったりの自然鑑賞行為にすぎないのでは？　思想家のポール・ヴィリリオは現代世界を、〝テレプレゼンス〟が生（なま）の存在（プレゼンス）に取って代わり、暗くて平凡な日常生活に対抗して仮想の生活を作り出す時代に入りつつある、と考える。[21]なるほど、自然体験を貧弱にするという理由で、バードカムを批判する人々もいる。受身の、実践をともなわない自然主義であり、崖の営巣地でハヤブサを眺めるときの自然への没入からはほど遠い、と彼らは言う。だが、これらのハヤブサは仮想の、非現実の存在なのか。ハヤブサカメラもやはり、人々の生活から動物が消えて、単なるイメージ、企業の象徴投資によって作られたイメージに置き換わってしまう現象のひとつにすぎないのか。

都市ハヤブサのつがい。カリフォルニアにて。

おそらく、ちがう。第一に、ハヤブサカメラは台本なしの自然のできごとを配信する。それに、監視テクノロジーを仲介してはいるが、これらのウェブカメラは動物たちの邪魔だてをせずに彼らを鑑賞、観察させるものであり、本質的に、生物学者が動物の行動様式を記録、理解するために長らく用いてきた〝身を隠して潜む〟手法と同じ機能を持つ。つまり、ハヤブサカメラの登場で、特権者のみに許されていた自然観察がもはや専門家だけの領分ではなくなったわけだ。マサチューセッツ州スプリングフィールドでは、パブリック・アクセス・テレビチャンネル〔市民が自由に自主制作番組を放送できるチャンネル〕が、地域内にあるペレグリンハヤブサの巣のライブ映像を地元の約二〇万世帯に届けている。州の魚類野生生物局の職員、トーマス・フレンチは、こうした映像が地元の環境意識を高めている現実をおおいに歓迎する。「野生生物の問題は、有識者や専門家どうしの会話を超えて日常会話の一部になりつつある」と彼は説明する。いまや「わが街の構成物のひとつ」なのだ[22]。

このように、ウェブカメラは野生動物の生活に精通することを可能にする。以前は、ひたむきな科学者や自然愛好者や狩人だけが——苦労のすえに——知りえた生活、あるいは、まったく知りえなかっ

フードをかぶったシロハヤブサの落書きと通勤者。2005年、ロンドン・ブリッジ駅の地下道。

た生活までも。これらウェブカメラのライブ映像は、自然の知識を民主化するわけだ。フレンチが説明するとおり、スプリングフィールドのライブ映像は視聴者に「従来はプロの鳥類学者でも見られなかったような映像」を見せてくれる。そして「みんなすごく気に入っている」[23]。ウェブカメラは、一般人と科学分野の専門家はちがうという一般的な認識に挑むと同時に、テレビやコンピューター画面の映像は受動的に消費されるという認識にも挑んでいる。リアリティーテレビ番組と異なるのがこの点だ。なにしろ、ウェブカメラは視聴者の積極的な働きかけを支援するのだから。スプリングフィールドの住人は映像を眺めることで、実際にこれらの鳥の生活にリアルタイムで介入してきた。視聴者たちが電話をよこして雛のうち一羽の調子が悪そうだと言うので、フレンチが高層ビルの二三階からロープで懸垂下降して救出したところ、喉に食べ物を詰まらせていたという。このように、ハヤブサのウェブカメラはあらゆる意味において有益だ。独特な包括的共同体をあらたに作り出し、そのなかで、人と鳥が能動的な主体として互いに相手の生活に影響をおよぼし、変化させている。これは、幸せな異種共同体なのだ。

進化は一夜にして起こらない

世界はいちじるしく都市化されている。自然環境が開発によっていちじるしく損なわれつつある。そして猛禽類はかつてないほどふつうに都会に居住し、都市部の、または産業地帯の建築物に巣を作り、狩りをし、休息をとっている。アメリカから中国にいたるまで、ハヤブサは人工構造物の上に営巣中だ——橋、ビル、高圧線の鉄塔、発電所、穀物のサイロ、さらには鉄道駅の屋根にまで。この現象は長らく〝異常〟とみなされてきた。何世紀ものあいだ、大自然は人間の営みやテクノロジーとはまるきりかけ離れた領域に属すると思われていたからだ。だが近年、科学者たちは都市の猛禽類という概念を受け入れつつある。もちろん、批判がないわけではない。猛禽類研究財団が——環境問題への自社貢献を熱心に宣伝したい電力会社から資金の一部を提供されて——都市の猛禽類に関するシンポジウムをさかんに主催するいっぽうで、そうしたテーマで会議を催すことの倫理性を問う声がある。「環境や野生生物遺産よりも経済的な側面に関心を抱く」人々に、誤ったメッセージを送る結果になるのではないか、と。[24] 会議の主催者たちはひるまない。都市の猛禽類について議論することは種の保

雄のペレグリンハヤブサの成鳥。

全に役立つのだと、彼らは説明する。都市のペレグリンハヤブサは、遺伝子プール、すなわち、もっと自然な環境でぽっかり空いてしまった領域に鳥を補充または再補充できる貯蔵所の役割を果たすのだ。しかも重要な側面として、「子どもをはじめ、事情がちがえば野生下で……見る機会を持てなかった層」がハヤブサと触れあえるようになる。だが、この会議をテーマにした書籍の編集者による序文は、重大な戒めで結ばれている。

人口が急増し、自然環境が大きく変わり、野生生物の個体数が地球規模で減っていくこの憂慮すべき時代において、環境保全にかかわる人々は明るいメッセージをひどく欲している。本書は、人工の風景に適応してきた、機を見るに敏な猛禽類の例を数多く紹介する。だが、彼らだけではうまくいかない。［われわれは］生態学的な魅力あふれる特徴をこの環境にずっと残しつづけて、猛禽類がわれわれの活動を許容してくれるようにしなくてはならない。進化は一夜にして起こらないのだ。[25]

そして二〇〇四年六月、都市のハヤブサのおかげで、わたしたちはまたもや、古代に存在したハヤブサと神の強固な結びつきを目にした。ニューヨーク・タイムズ紙が、ユタ州ソルトレークシティーのテンプル広場にあるモルモン教の総本山にペレグリンハヤブサが営巣していると報じたのだ。雛が巣立ったあとは、オレンジ色のベストをつけたボランティアたちが巣の下の街路を駆けまわって、幼鳥が車に轢かれないよう守った。「まんいち道におりてきたら、ボブがその捕獲を試みて、わたしは車の前に身を投げ出すことになっているの」と、七十五歳の元オフィスマネージャー、ジューン・ライバーンが説明する。ワシントンから七人の子連れでこの礼拝堂を訪れていた夫婦が、騒動に気づいた。「わたしたち、みんな預言者を見ているんだと思ったんです」十八歳のマッケナ・ホロウェイが言っているのは、教会の大管長、ゴードン・B・ヒンクリーのことだ。「だけどすぐに、鳥を見ているんだって気づきました[26]」。

700~800万年前
ハヤブサ属の現行種のほとんどが進化。

紀元前3500年前
エジプトのネケンにあった町ゲルゼーでハヤブサが崇められる。

紀元前2000年前
古代アナトリアで鷹狩りが行なわれていた形跡。

紀元前200年
中国で鷹狩りが行なわれる。

440年
アッティラがトゥルルを紋章にして軍事行動をする。

1247年
フリードリヒ二世の傑作『鷹狩りの書』が登場。

1348年
ボッカチオの『デカメロン』の五九番めの物語は、貧乏騎士フェデリコの運命を描いたものだが、彼はある貴族の婦人を愛慕するあまり、大切にしてきたハヤブサを殺し、料理として出す。

1486年
デイム・ジュリアナ・バーナーズが書いたとされる『セント・オールバンズの書』が、鷹狩りに関する書籍としてははじめてイギリスで印刷される。

1718年
ジャイルズ・ジェイコブが、鷹狩りは「労力と費用が要因で大幅に廃れた。とくに、狩猟者の射撃の腕があがって完璧の域に達したことが大きい」と説明する。

1762年
デンマークがシロハヤブサをヨーロッパ諸国への外交の贈り物として多数輸入する。これらのハヤブサはアイスランドからコペンハーゲンまでの二週間の旅で雄牛五〇頭と羊二〇頭を食べている。

1771年
放蕩紳士のソーントン大佐がイギリスで鷹狩りを復活させる。

1860年
ロンドンの聖パウロ大聖堂にペレグリンハヤブサが営巣したとの未確認報告あり。

1871年
パウル・フォン・ハイゼが短編小説の理論に議論を呼ぶ用語をふたつつけ加える。〝シルエット（ひとつの危機への集中）〟と〝ハヤブサ（危機の倫理的な含意の表現）〟だ。

1939年
DDTが発明される。

800年
鷹狩りがイギリスで行なわれる。

900年
ハウエル・ザー王（善王ハウエル）によって成文化されたウェールズの法律が、鷹狩りの収獲が多い日には、広間に入ってくる臣下の鷹匠を王が起立して出迎えるべしと定める。

1173年
イングランドのヘンリー二世が、ペレグリンハヤブサの幼鳥を毎年ペンブルックシャーの海岸の崖から取り寄せる。

1208年
ジョン王が鷹狩りを君主だけのものとする。

1495年
イングランドの法律で、君主以外の者がイングランドのハヤブサを所有することが禁じられ、罰則として一年と一日の投獄、罰金、およびハヤブサの没収が課される。

1515年
ムハンマド・ジレイはハンの位を継承するにあたって、モスクワに〝三かける九羽のシロハヤブサと魚の歯（イッカクの牙）〟を要求する。

1650年
ロシアのシロハヤブサ捕獲カルテルが地方の税金と課役をいっさい免除され、どこを訪れようが食糧と移動資金をもらう権利を与えられる。ハヤブサは、ボダイジュの樹皮で編んだ敷物とフェルトで裏打ちした幌橇の隊列でモスクワへ運ばれている。

1686年
セント・オールバンズ公爵が、年一五〇〇ポンドの俸給でイングランドの世襲大鷹匠になる。

1940年
素人探偵の〝ゲイ・ファルコン〟が、作家のマイケル・アーレンによって生み出される。映画でジョージ・サンダースが演じ、名声を得る。

1960年
最初のフォード・ファルコンが製造ラインから登場する。

1964年
アメリカ東部のアメリカハヤブサが絶滅する。北米鷹匠協会が組織される。

1974年
ペレグリン・ファンドが飼育下で繁殖させた幼鳥がはじめて放野される。一月二一日、F-16ファイティング・ファルコン戦闘機が、カリフォルニアのエドワーズ空軍基地にある空軍の飛行試験センターから初飛行する。

1999年
ペレグリンハヤブサがアメリカ絶滅危惧種保護法のリストからはずされる。

2000年
ペレグリンハヤブサがロンドンのバターシー発電所で繁殖する。

2001年
モンゴルで、殺鼠剤処理を施された穀物のせいでセーカーハヤブサが多数中毒死する。

謝辞

シリーズの編集者であるジョナサン・バート、マイケル・リーマンとハリー・ギロニス、写真や画像を提供してくれたり原稿に意見をくれたりした以下の友人や同僚に感謝を捧げる。スティーヴン・ボディオ、トム・ケイド、エリン・ゴット、ニック・ジャーディン、ロブ・ジェンクス、ジョン・ロフト、ジェイムズ・マクドナルド、タムシン・メイザー、ロブ・ラリー、マーク・スプリヴァク、ロイ・ウィルキンソン、チャールズ・ヤング。また、特別な感謝を次の方々に。アイダホ州ボイシの鷹狩りアーカイブスのS・ケント・カーニー館長は、国外在住の研究者であるわたしを温かく受け入れて力添えをくださった。ニック・フォックスには、収集した写真の使用を気前よく許可していただいた。ユージーン・ポタポフは、中央アジアのハヤブサ神話に関する情報を提供してくださった。ケンブリッジ大学ジーザス・カレッジとケンブリッジ大学科学史・科学哲学部ウィリアムソン基金に、写真の転載のための資金を援助いただいた。また、原稿を書きあげるあいだずっと支えてくれたクリスティナ・マクリーシュに多大なる感謝を捧げる。最後に、散らかるのもかまわず、チョウゲンボウが夜に寝室の書棚の上で寝るのを許してくれた、果てしなく忍耐強い両親に、とびきり大きなありがとうを。

訳者あとがき

鳴呼、ハヤブサ——鳥類最速のハンター。鋭い視力とすばやい動きであざやかに獲物を捕らえ、縄張りや雛を猛然と守る。生態ピラミッドの頂点に立ち、気品あふれる美しい姿形。神の使い、いや、ときには神そのものとして崇められるいっぽうで、かわいい小鳥を襲う凶悪な殺し屋とそしられ、迫害されてきた……

本書（Helen Macdonald, *Falcon*, Reaktion Books, New edition, 2016）は、そんなハヤブサについて、さまざまな視点から述べたものです。生態についてはもちろんのこと、人類がいかにこの鳥と関わり、いかに象徴化し、いかに自己を投影してきたかが、数多くの興味深い事例とともに語られています。

著者のヘレン・マクドナルドは、イギリスの作家、詩人、科学史家。幼少時から猛禽を愛し、鷹匠になる夢を抱いて育ちました。そしてオオタカの調教の日々とイギリスの鷹狩り文化を綴った二〇一四年の回想録『オはオオタカのオ』（山川純子訳、白水社）が、同年のサミュエル・ジョンソン賞、コスタ・ブック・オブ・ザ・イヤー賞をはじめ数々の文学賞に輝いて、高い評価を得るとともに世界的なベストセラーとなりました。オバマ米大統領（当時）も二〇一六年の夏期休暇中の読書リストにこの本を挙げていたので、とくだん鳥好きではないけれど手にとってみたという人もいらっしゃることでしょう。

本書『ハヤブサ——その歴史・文化・生態』は、タイトルどおり〝ハヤブサ好きによる、ハヤブサ好きのための、ハヤブサの本〟です。冒頭の「二〇一六年版に寄せて」でおわかりのように、もともとは二〇〇六年に刊行された書籍の新装版ですが、旧版からの大きな修正、加筆はとくにないようです。本の性格上、情緒をなるべく排した冷静な筆致ながら、詩的で流れるような文章も随所に見られ、著者の並々ならぬ才能と力量がうかがえます。それより何より、オオタカの本で一躍有名になったとはいえ、著者はハヤブサを「こよなく愛し、こよなく親しんできた」し、（ハヤブサ科の鳥である）チョウゲンボウを「夜に寝室の書棚の上で寝」させていたわけで、作家のキャリアだけでなく、猛禽類への愛情という面からも、本書は著者にとって原点と言えるのではないでしょうか。

詳しい内容については本文を読んでいただくとして、留意事項を二点。

ひとつは、ハヤブサとタカの関係です。従来、ハヤブサは狩りをする猛禽類としてタカやワシの仲間と考えられ、分類学上もタカ目のなかにハヤブサ科が入れられていました。ところが、近年の遺伝子調査で両者の系統が異なることがわかり、ハヤブサ目がタカ目から分離される形であらたに設けられて、現在ではハヤブサはむしろスズメやオウムに近い種とされています。分類が変更された当初は、鳥好きを中心に驚きの声もあがっていましたが、言われてみれば、つぶらな瞳やきょとんとした表情は妙にかわいらしくて、猛禽らしからぬ愛嬌が感じられます。

ともあれ、本書で言及されている映画『マルタの鷹』の原題はThe Maltese Falconで、ロシア民話『鷹フィニストの羽根』も英語圏ではThe Feather of Finist the Falcon、つまりタカではなくハヤブサとして紹介されています。最近までハヤブサはタカの仲間（一種）だという認識が一般的でしたし、日本では、開けた広い空間で能力を発揮するハヤブサよりも、樹木の多い狭い空間を得意とするタカのほうが、狩りの鳥として評価が高かったようなので、これらがタカとして日本に紹介され定着したのも不思議ではありません。調教した猛禽類に獲物を捕らえさせる狩りのことを、日本語では〝鷹〟狩りと呼びますが、英語では（タカから派生した）hawkingという呼称よりも（ハヤブサから派生した）falconryのほうが一般的のようです。地形のちがいが、文化や価値観、言語にまで影響をおよぼした例と言えるのかもしれません。いずれにせよ、いまはじめて日本に紹介されるなら、たとえば『マルタの鷹』は『マルタの隼』になっていた可能性があるわけで、なんだか愉快に思えてきます。

留意事項のふたつめは、〝コダックのハヤブサ〟についてです。一九九八年、ニューヨーク州ロチェスターのコダック本社ビルにハヤブサのつがいが営巣し、マリアおよびカボット・シロッコと名づけられて、数多くの人を魅了しました。その後の十年間に四〇羽あまりの雛がここで孵りましたが、二〇〇八年、コダック社が本社ビルの大規模改修を行なうにあたって、ハヤブサの巣箱は近隣のタイムズ・スクウェア・ビルに移されました。そしてコダックのウェブサイトではなく独立サイト（rfalconcam.com/）で、つがいの営巣、育雛のようすが引きつづき公開され、やはり大勢の〝ファルコニア〟を惹きつけているようです。

人間から神性や象徴性を付与され、鷹狩りに使われ、軍事目的に利用され、人間の営みが原因で絶滅の危機に瀕し、やむなく都会に住めば監視カメラで生活を盗み見される……本書を読むと、ハヤブサのさまざまな側面に驚き感じ入ると同時に、わたしたち人間はなんと勝手な生き物だろうかと恥ずかしくなります。もしかしたら、著者はハヤブサをテーマにしながら、人間とはどういう存在かをいちばん語りたかったのかもしれません。

宇丹貴代実

二〇一七年三月

索　引

サ 行

タ 行

ナ 行

ハ 行

原　註

はじめに

1. W. Kenneth Richmond, *British Birds of Prey* (London, 1959), p.ix.
2. Stephen Bodio, *A Rage for Falcons* (Boulder, CO, 1984), p.9.

第一章　自然誌

1. W. Kenneth Richmond, *British Birds of Prey* (London, 1959), p.50.
2. J. G. Cummins, *The Hound and the Hawk: The Art of Medieval Hunting* (London, 1988), p.190 にて引用。
3. Edmund Bert, *An Approved Treatise of Hawkes and Hawking* (London, 1619), p. 19.

第二章　神話的ハヤブサ

1. Rosalie Edge, 'The Falcon in the Park', *American Falconer* (July 1942), pp. 7-8.
2. Charles Q.Turner, 'The Revival of Falconry', *Outing* (February 1898), p.473.
3. Fable 164 from Thomas Blage, *A schole of wise Conceytes* (London, 1569), pp. 180-81.
4. Juliana Berners, *The Book of Haukyng hunting and fysshyng* [Book of St Albans] (London, 1566) [Eiv v-r].
5. J. G. Cummins, *The Hound and the Hawk: The Art of Medieval Hunting* (London, 1988), p. 190 にて引用。
6. Richard Meinertzhagen, *Pirates and Predators: The Piratical and Predatory Habits of Birds* (Edinburgh, 1959), p. 16.
7. Meinertzhagen, *Pirates and Predators*, p. 25.
8. Meinertzhagen, *Pirates and Predators*, p. 23.
9. History overview: http://www.atlantafalcons.com/history/001/051/.
10. Dave Barry, 'Sex-craving Falcons Can Teach Politicians about the Hat Trick', *Gazette Telegraph, Colorado Springs* (14 July 1990), p. D3.
11. John Loft, *D'Arcussia's Falconry* (Louth, 2003), p. 261.
12. Eugene Potapov, 'The Saker Falcon', 未刊行の原稿, Chapter 1.

13. Loft, *D'Arcussia's Falconry*, p. 144.
14. スリーダラー・バー・ビリーが、1901から02年ごろに話してまわっていた。A. L. Kroeber and E. W. Gifford, *Karok Myths* (Berkeley, CA, and London, 1980), p. 46. にて引用。
15. Loft, *D'Arcussia's Falconry*, p. 143.
16. Cummins, *The Hound and the Hawk*, p. 231.
17. J. G. Cummins, '*Aqueste lance divino:* San Juan's Falconry Images', in *What's Past is Prologue: A Collection of Essays in Honor of L.J.Woodward*, ed. Salvador Bacarisse (Edinburgh, 1984), pp. 28-32.
18. Alonso Dámasco and J. M. Blecula, *Antologia de poesia española: Poesia de tipo traditional* (Madrid, 1956).
19. Cummins, *The Hound and the Hawk*, p. 228. にて引用。
20. William Bayer, *Peregrine* (New York, 1981).
21. Bayer, *Peregrine*, p. 249.
22. Ursula Le Guin, *A Wizard of Earthsea* (London, 1971), pp. 141-2.〔アーシュラ・ル=グィン『影との戦い：ゲド戦記1』清水真砂子訳，岩波書店，1976年〕
23. Victor Canning, *The Painted Tent* (London, 1979), p. 56. 〔ヴィクター・カニング『隼のゆくえ：スマイラー少年の旅』中村妙子訳，偕成社文庫，1979年〕
24. Canning, *Painted Tent*, p. 35.
25. T. H. White, *The Sword in the Stone* (London, 1939), p. 129. 〔T・H・ホワイト『永遠の王：アーサーの書』森下弓子訳，創元推理文庫，1992年〕
26. White, *Sword in the Stone*, p. 126.〔『永遠の王：アーサーの書』〕
27. T. H. White, *The Godstone and the Blackymor* (London, 1959), p. 20.
28. J. Cleland, *Institution of a Young Noble Man* (Oxford, 1607), p. 223.

第三章　調教されたハヤブサ

1. Hans J. Epstein, 'The Origin and Earliest History of Falconry', *Isis*, XXXIV, 1943, p. 497.
2. Gilbert Blaine, *Falconry* (London, 1936), p. 13.
3. Blaine, *Falconry*, p. 11.
4. Harold Webster, *North American Falconry and Hunting Hawks* (Denver, CO, 1964), p. 12.
5. Webster, *North American Falconry*, p. 12.
6. Jim Weaver 'The Peregrine and Contemporary Falconry', in Tom J. Cade et al., *Peregrine Falcon Populations: Their Management and Recovery* (Boise, ID, 1988), p. 822.
7. William Somerville, *Field-Sports. A Poem. Humbly Address'd to His Royal Highness the*

Prince (London, 1742), p. 7.
8. Stephen Bodio, *A Rage for Falcons* (Boulder, CO, 1984), p. 7.
9. John Gerard, *The Autobiography of a Hunted Priest*, trans. Philip Caraman (New York, 1952), p. 15.
10. Richard Barker, trans. and intro., *Bestiary* [MS Bodley 167] (London, 1992), p. 156.
11. Lord Tweedsmuir, *Always a Countryman* (London, 1953), p. 128.
12. Robin Oggins, 'Falconry and Medieval Social Status', *Mediaevalia*, XII (1989), p. 43.
13. Robert Burton, *The Anatomy of Melancholy*, ed. Holbrook Jackson (New York, 2001), II, p. 72.
14. Richard Pace, *De fructu qui ex doctrina percipitur* (Basel, 1517), Nicholas Orme, *English Schools in the Middle Ages* (London, 1973), p. 34 にて引用。
15. John Loft, *D'Arcussia's Falconry* (Louth, 2003), p. 215.
16. Loft, *D'Arcussia's Falconry*, p. 267.
17. *The Art of Falconry, being the 'Arte Venandi cum Avibus' of Frederick II of Hohenstaufen*, trans. and ed. C. A. Wood and F. M. Fyfe (Stanford, CA, 1943), p. 3. 〔フリードリッヒ二世『鷹狩りの書――鳥の本性と猛禽の馴らし』吉越英之訳，文一総合出版，2016年〕
18. Marco Polo, *The Travels of Marco Polo*, ed. and trans. Ronald Latham (London, 1958), p. 144. 〔マルコ・ポーロ『マルコ・ポーロ東方見聞録』月村辰雄訳，久保田勝一訳，岩波書店，2012年〕
19. Sir John Chardin, *Travels in Persia, 1673-1677* (New York, 1988), p. 181. 〔J・シャルダン『ペルシア見聞記』岡田直次訳，東洋文庫，1997年〕
20. Christian Antoine de Chamerlat, *Falconry and Art* (London, 1987), p. 171.
21. W. Coffin, 'Hawking with the Adwan Arabs', *Harper's Weekly*, 57 (15 March 1913), p. 12.
22. E. Delmé-Radcliffe, *Notes on the Falconidae used in India in Falconry* (Frampton-on-Severn, 1971), p. 11.
23. Delmé-Radcliffe, *Notes on the Falconidae*, p. 1.
24. Lt Col. E. H. Cobb, 'Hawking in the Hindu Kush', *The Falconer*, 11/5 (1952), p. 12.
25. Cobb, 'Hawking in the Hindu Kush', p. 9.
26. John Buchan, *Island of Sheep* (London, 1936), p. 26.
27. Webster, *North American Falconry*, p. 11.
28. Sig Sigwald からの手紙, Collection Archives of American Falconry.
29. T. H. White, *The Goshawk* (London, 1951), p. 27.
30. White, *The Goshawk*, pp. 17-18.
31. J. Wentworth Day, *Sporting Adventure* (London, 1937), p. 205.
32. Bodio, *A Rage for Falcons*, p. 131.
33. Bodio, *A Rage for Falcons*, p. 130.

34. Aldo Leopold, 'A Man's Leisure Time', in *Round River: From the Journals of Aldo Leopord*, ed. Luna B. Leopold (New York, 1953), p. 7.
35. Nick Fox, *Understanding the Bird of Prey* (Blaine, WA, 1995), p. 345.

第四章　絶滅の危機に瀕したハヤブサ

1. 'Peregrine Chicks Hatch in London', BBC News UK edition, 8 June 2004, http://news.bbc.co.uk/1/hi/england/london/3788409.stm.
2. Dr P. C. Hatch, *Notes on the Birds of Minnesota* (Minneapolis, MN, 1892), p. 200.
3. Maarten Bijleveld, *Birds of Prey in Europe* (London, 1974), p. 5.
4. James Edmund Harting, *The Ornithology of Shakespeare* (London, 1871), p. 82. 〔ジェイムズ・E・ハーティング『シェイクスピアの鳥類学』関本栄一訳，高橋昭三訳，1993年〕
5. Dugald Macintyre, *Memories of a Highland Gamekeeper* (London, 1954), p. 67.
6. Henry Williamson, *The Peregrine's Saga and other Wild Tales* (London, 1923), p. 222.
7. Williamson, *The Peregrine's Saga*, p. 210.
8. Ellsworth Lumley, *Save Our Hawks: We Need Them*, Emergency Conservation Committee reprint (New York, 1930s).
9. Junius Henderson, *The Practical Value of Birds* (New York, 1934), p. 198.
10. Joseph A. Hagar, Tom Cade and William Burnham, eds, *Return of the Peregrine: A North American Story of Tenacity and Teamwork* (Boise, ID, 2003), p. 4. にて引用。
11. Thomas Dunlap, *Nature's Diaspora* (Cambridge, 1999), p. 255.
12. Arthur A.Allen, 'The Audubon Societies School Department: The Peregrine', *Bird Lore*, XXXV/1 (1933), pp. 60–69.
13. Frank Craighead and John Craighead, *Hawks in the Hand: Adventures in Photography and Falconry* (New York, 1939), p. 47.
14. Craighead and Craighead, *Hawks in the Hand*, p. 35.
15. H. N. Southern, 'Birds of Prey in Britain', *Geographical Magazine*, XXVII/1 (1954), pp. 39–43.
16. Southern, 'Birds of Prey in Britain', p. 43.
17. David Zimmerman, 'Death Comes to the Peregrine Falcon', *New York Times Magazine* (9 August 1970), section 6, pp. 8–9, 43.
18. Joseph J. Hickey, 'Some Recollections about Eastern North America's Peregrine Falcon Population Crash', in Tom J.Cade et al., *Peregrine Falcon Populations: Their Management and Recovery* (Boise, ID, 1988), p. 9.
19. Delphine Haley, 'Peregrine's Progress', *Defenders of Wildlife*, 51 (1976), p. 308.
20. Roy E.Disney, 'The Making of *Varda, the Peregrine Falcon*', in *Return of the Peregrine:*

A North American Story of Tenacity and Teamwork, ed. Tom Cade and William Burnham (Boise, ID, 2003), p. 20.
21. Faith McNulty, 'The Falcons of Morro Rock', *New Yorker*, 23 (1972), p. 67.
22. Tom Cade, Haley, 'Peregrine's Progress', p. 308 にて引用。
23. David Zimmerman, *To Save a Bird in Peril* (New York, 1975), p. 19.
24. Cade and Burnham, *Return of the Peregrine*, p. 73.
25. John Loft, *D'Arcussia's Falconry* (Louth, 2003), p. 207
26. Tom Maechtle, *New York Times Magazine*, 22 June 1980 にて引用。
27. A. Shoumantoff, 'Science Takes up Medieval Sport to Help Peregrines', *Smithsonian* (December 1978), p. 64.
28. Tom Cade, *Peregrine Fund Newsletter*, 7 (1979), p. 1.
29. A. Gore, 'Statement by Vice President Al Gore', press release (19 August 1999), The White House, office of the Vice President.

第五章　軍隊のハヤブサ

1. 'Discussion questions' Birds — animal lesson plan (grades 9-12) http://school.discovery.com/lessonplans/programs/birdsofprey/〔※現在はアクセス不能〕
2. G. P. Dementiev, *The Gyrfalcon* (Moscow, 1960).
3. Philip Glasier, *Falconry and Hawking* (London, 1978), p. 163.
4. Karl von Clausewitz, *On War*, trans. O. J. Matthijs Jollis (Washington, DC, 1953), p. 5.〔カール・フォン・クラウゼヴィッツ『戦争論』清水多吉訳, 中公文庫, 2001年〕
5. Master Sgt Patrick E. Clarke, 'Bye-bye Birdies: March Looking at Adding Falcons to its Arsenal of Bird Strike Weapons', *Citizen Airman Magazine* (1996), http://www.afrc.af.mil/HQ/citamn/Dec98/falcons.htm.〔※現在はアクセス不能〕
6. Clarke, 'Bye-bye Birdies'.
7. Morgan BerthrongによるS. Kent Carnieへの口述記録インタビュー, 1990年, Transcript Archives of American Falconry, p. 22.
8. Ronald Stevens, 'How Trained Hawks Were Used in the War', *The Falconer*, II/I (1948), pp. 6-9.
9. Associated Press report, Archives of American Falconry file 86-2 (correspondence, R. Stabler, n.d.).
10. Stevens, 'How Trained Hawks Were Used in the War', p. 9.
11. Frank Illingworth, *Falcons and Falconry* (London, 1949), pp. 23-4.
12. *American Weekly*, Archives of American Falconry (n.d., c.1941).

13. John E. Bierck, '"Dive-Bombing" Falcons to Play War Role under Army Program', *New York Herald Tribune* (1941), Archives of American Falconry.
14. 'Falcons on Duty', *New Yorker* (30 August 1941), p. 9.
15. George GoodwinからRobert Stablerへの手紙（1941年8月30日）, Archives of American Falconry.
16. Robert Stablerから ワシントンＤＣのアメリカ合衆国内務省魚類野生生物局局長Frederick C. Lincolnへの手紙（1941年8月26日）, Archives of American Falconry.
17. J. K. CleaverによるRobert M. Stablerへのインタビュー, 1983年3月4日, Archives of American Falconry, p. 22.
18. 'A Bird in Hand', *The Monitor*, XLVI/2 (March 1956), p. 16.
19. United States Air Force Fact Sheet: 'The Falcon', http://www.usafa.af.mil/pa/factsheets/falcon.htm.〔※現在はアクセス不能〕
20. 'The Hammer and the Feather', Apollo 15 Lunar Surface Journal, http://history.nasa.gov/alsj/a15/a15.clsout3.html.
21. United States Air Force Cadet Peterson, Sam West,'Falconry:Power, Grace and Mutual Trust', *Air Force Football Magazine* (2 October 1965), pp. 4-5, 39 にて引用。
22. 'Hints at Goering Aim in Visiting Greenland: Ex-Air Corps Pilot Suspects a Purpose Beyond Falconry', *New York Times* (14 April 1940), p. 41.
23. Paul Virilio, *A Landscape of Events*, trans. Julie Rose (Cambridge, MA, 2000), p. 28.
24. *Joint Vision 2020*, available at: http://www.dtic.mil/jointvision.〔※現在はアクセス不能〕
25. Motto of United States Air Force 5th Reconnaissance Squadron.
26. Rocky Barker, 'BSU Scientists Use Transmitters to Track Falcons', *Idaho Statesman*, reprinted in Center for Conservation Research & Technology (CCRT) *RecentMedia Coverage of Field Research Efforts*.
27. Barker, 'BSU Scientists Use Transmitters to Track Falcons'.
28. Robert Lee Hotz, 'Spying on Falcons from Space', *Los Angeles Times* (14 October 1997).
29. US Department of Defense and US Fish and Wildlife Service, *Protecting Endangered Species on Military Lands* (2002) http://endangered.fws.gov/dod/ES%20on%20military%20lands.pdf.〔※現在はアクセス不能〕

第六章　都会のハヤブサ

1. Tom Cade, *Peregrine Fund Newsletter* (1980), p. 11.
2. Roger Tory Peterson, *Birds over America* (New York, 1948), p. 135.
3. Akira Lippit, *Electric Animal: Toward a Rhetoric of Wildlife* (Minneapolis, MN, 2000),

p. 21.

4. Henry Williamson, *The Peregrine's Saga and other Wild Tales* (London, 1923), p. 198.
5. Williamson, *The Peregrine's Saga*, p. 211.
6. Williamson, *The Peregrine's Saga*, p. 217.
7. Joseph Hickey, 'Eastern Populations of the Duck Hawk', *Auk*, 59 (April 1942), p. 193.
8. Joseph HickeyからWalter Spoffordへの手紙（1940年6月9日）, Archives of American Falconry.
9. Hickey, 'Eastern Populations of the Duck Hawk', p. 179.
10. David E. Nye, *American Technological Sublime* (Cambridge, MA, 1994), pp. 96-7.
11. 'St Regis Ejects Baby Hawks from 16th Floor Balcony Nest', *Pennsylvania Game News* (August 1943), p. 26.
12. James K. CleaverによるRobert M.Stablerへのインタビュー, 1983年, transcript, Archives of American Falconry, p. 33.
13. Lippit, *Electric Animal*, p. 25.
14. Steve Hinchcliffe and Sarah Whatmore, 'Living Cities: Towards a Politics of Conviviality', *Science as Culture*, special issue on technonatures, forthcoming (2006).
15. Tom Cade and William Burnham, eds, *Return of the Peregrine: A North American Story of Tenacity and Teamwork* (Boise, ID, 2003), p. 99.
16. Cade and Burnham, *Return of the Peregrine*, p. 99.
17. University of California Santa Cruz press release (19 January 2005).
18. 'Visiting the Falcon's Neighborhood', http://www.kodak.com/eknec/PageQuerier.jhtml?pq-path=38/492/2017/2037/2063&pq-locale=en_us.〔※現在はアクセス不能〕
19. Karen Gus, Kodak Birdcam discussion board, 07:57am 18 July 2003 EST (#17821 of 17889).
20. Hootie, Kodak Birdcam discussion board, 09:14pm 17 July, 2003 EST (#17763 of 17889).
21. P. Virilio, 'The Visual Crash', in *Rhetorics of Surveillance from Bentham to Big Brother*, ed. T. Y. Levin, U. Frohne and P. Weibel (Karlsruhe, 2002), p. 109.
22. Doreen Leggett, 'Peregrine Falcons', *Cape Codder* (28 January 2005), http://ww2.townonline.com/brewster/localRegional/view.bg?articleid=174563〔※現在はアクセス不能〕にて引用。
23. Legget, 'Peregrine Falcons'.
24. D. Bird, D. Varland and J. Negro, eds, *Raptors in Human Landscapes* (London, 1996), p. xvii.
25. Bird, Varland and Negro, *Raptors in Human Landscapes*, p. xviii.
26. Melissa Sanford, 'For Falcons as for People, Life in the Big City has its Risks as Well as its Rewards', *New York Times* (28 June 2004), section A, p. 12, col. 1.

参考文献

Anderson, S. H., and J. R. Squires, *The Prairie Falcon* (Austin, TX, 1997)

Baker, John Alec, *The Peregrine* (New York, 2005)

Blaine, Gilbert, *Falconry* (London, 1936)

Bodio, Stephen, *A Rage for Falcons* (Boulder, CO, 1984)

Burnham, William, *A Fascination with Falcons: A Biologist's Adventures from Greenland to the Tropics* (Blaine, WA, 1997)

Cade, Tom, and William Burnham, eds, *Return of the Peregrine: A North American Saga of Tenacity and Teamwork* (Boise, ID, 2004)

Chamerlat, Christian Antoine de, *Falconry and Art* (London, 1987)

Craighead, Frank, and John Craighead, *Hawks in the Hand: Adventures in Photography and Falconry* (Boston, MA, 1939)

——, *Life with an Indian Prince* (Boise, ID, 2001)

Craighead George, Jean, *My Side of the Mountain* (New York, 1959)〔ジーン・クレイグヘッド・ジョージ『ぼくだけの山の家』茅野美ど里, 偕成社, 2009年〕

Cummins, John, *The Hound and the Hawk: The Art of Medieval Hunting* (London, 1988)

Enderson, Jim, *Peregrine Falcon: Stories of the Blue Meanie* (Austin, TX, 2005)

Ford, Emma, *Gyrfalcon* (London, 1999)

Fox, Nick, *Understanding the Bird of Prey* (Blaine, WA, 1994)

Frederick II of Hohenstaufen, *The Art of Falconry, being the 'Arte Venandi cum Avibus' of Frederick II of Hohenstaufen*, trans. and ed. C. A. Wood and F. M. Fyfe (Stanford, CA, 1943)〔フリードリッヒ二世『鷹狩りの書——鳥の本性と猛禽の馴らし』吉越英之訳, 文一総合出版, 2016年〕

Fuertes, Louis Agassiz, 'Falconry, the Sport of Kings', *National Geographic* XXXVIII/6 (1922), pp. 429-60.

Glasier, Philip, *As the Falcon Her Bells* (London, 1963)

——, *Falconry and Hawking* (London, 1978)

Haak, Bruce, *Pirate of the Plains: The Biology of the Prairie Falcon* (Blaine, WA, 1995)

Loft, John, trans. and ed., *D'Arcussia's Falconry* (Louth, 2003)

Oggins, Robin S., *The Kings and their Hawks: Falconry in Medieval England* (New Haven, CT, 2004)

Parry-Jones, Jemima, *Jemima Parry-Jones' Falconry: Care, Captive Breeding and Conservation* (Newton Abbot, 1993)

Potapov, Eugene, and Richard Sale, *The Gyrfalcon* (London, 2005)
Ratcliffe, Derek, *The Peregrine* (London, 1980)
Tennant, Alan, *On the Wing: To the Edge of the Earth with the Peregrine Falcon* (New York, 2004)（アラン・テナント『On the wing――ハヤブサに託した地図のない旅』 鳥見真生訳，柏艪舎，2005年）
Treleaven, R.B., *In Pursuit of the Peregrine* (Wheathamsted, 1998)
Upton, Roger, *A Bird in the Hand: Celebrated Falconers of the Past* (London, 1980)
——, *Arab Falconry: History of a Way of Life* (Blaine, WA, 2001)
Zimmerman, David, *To Save a Bird in Peril* (New York, 1975)

図版の権利について

著者と版元は、図版素材の提供および/または転載の許可をしてくださった下記の各組織、人々に感謝を捧げたい。キャプションでは簡潔にするために割愛した情報源についても、下記に示してある。

Images © Shujaat Ali/Al Jazeera: pp. 121; from *Animal World*, vol. xx, no. 237 (June 1889): p. 120; courtesy of the Archives of Falconry (formerly Archives of American Falconry): pp. 58, 73, 95, 99 左, 118, 133, 137 (photo Charles E. Proctor), 168, 171 上下, 169; courtesy of the author: pp. 25, 155, 216-217(216 下除く); photo © Bettmann/Corbis: p. 192; Biblioteca Civica, Padua: p. 101; The British Council: p. 186; by permission of the British Library, London: pp. 37 (from an album of c. 1802, 'The Natural Products of Hindostan', MS NHD 7/1010), 53 (from Peter de Langtoft, *Chronicle of England*, MS Royal 20 A. ii, f.7); from Montagu Browne, *Practical Taxidermy: A Manual of Instruction to the Amateur* . . . (London, 1884): p. 129; photo courtesy of the Canadian Peregrine Foundation: p. 204; courtesy of the Center for Conservation Research and Technology, Baltimore: pp. 178, 180, 182; photo by Chas E. Clifton, courtesy The Peregrine Fund: p. 149 右; photo by Glen Eitemiller, courtesy The Peregrine Fund: p. 145; courtesy of the Environmental Research and Wildife Development Agency (ewrda): p. 34; after Nick Fox, *Understanding the Bird of Prey* (Surrey, BC, 1995): p. 35; photo by Nick Fox, courtesy of International Wildlife Consultants, p. 91; photo courtesy of the Freud Museum, London: p. 61; photo by Erin Gott, courtesy of The Peregrine Fund, p. 16; photo by Noel Hyde: p. 28; photo © Norman Kent, courtesy of Norman Kent Productions and Ken Franklin: p. 15; photos courtesy of Eastman Kodak Company: pp. 206, 207; photo courtesy of the Kunsthistoriches Museum, Vienna: p. 102; Gyula László: p. 65; photos courtesy of the Library of Congress, Washington, DC (Prints and Photographs Division): pp. 112 下 (G. Eric and Edith Matson Photograph Collection, LC-M36-630), 216 下 (LC-DIG-ppmsc-08571); photo © James Macdonald: p. 211; photo by Tom Maechtle, courtesy The Peregrine Fund: p. 198; Musée d'Histoire Naturelle, Paris: p. 69; Musée du Louvre, Paris: pp. 4 (photo © RMN/Christian Jean), 61 (photo © RMN/Herve Lewandowski); Museo del Prado, Madrid: p. 84; Nanjing Museum, China: p. 24; image courtesy of NASA: p. 173; photos © Martyn Paterson: pp. 26 下, 85, 99 右, 143; courtesy of The Peregrine Fund: pp. 20, 151, 149 左, 195, 199, 210; photos by Eugene Potapov, courtesy

erwda: pp. 43, 154; courtesy of Roger-Viollet/Rex Features: pp. 84 (rvb-05062), 107 (r-v 14588-6), 113 上 (rvb-931482), 117 (r-v 5128-6); private collection: p. 26 上 ; Royal Cabinet of Paintings 'Mauritshuis', The Hague, p. 105; from H. Schlegel and A. H. Verster van Wulverhorst, *Traité de Fauconnerie* (Leiden and Dusseldorf, 1845–53): p. 92; photos courtesy of Todd Sharman and the Canadian Peregrine Foundation: pp. 203, 213; © The State Hermitage Museum, St Petersburg: pp. 45 (Eero Nicolai Jarnefelt, *Hawks in the Forest*, 1895, watercolour and gouache), 66 (silver dish with falcon or eagle carrying a woman); The State Russian Museum, St Petersburg: p. 76; Topkapı Saray Museum, Istanbul: pp. 8, 109; courtesy of the Tryon Gallery, London: p. 42; courtesy of Roger and Mark Upton: p. 115; US National Park Service: p. 57; courtesy of Roy Wilkinson/British Sea Power: p. 59; from Henry Williamson, *The Peregrine's Saga, and Other Tales* (London, 1834): p. 189; Yamato Bunkakan Museum, Nara (大和文華館 , 奈良): p. 87; courtesy of the Zoological Society of London: p. 27.

関連組織とウェブサイト

ARCHIVES OF FALCONRY
www.peregrinefund.org/american_falconry.asp
　現在は該当ページなし。
　www.peregrinefund.org/falconry に URL が変わったもよう

BRITICH FALCONERS CLUB
www.britishfalconersclub.co.uk/

BRITISH TRUST FOR ORNITHOLOGY
www.bto.org

CANADIAN PEREGRINE FOUNDATION
www.Peregrine-foundation.ca/

EMIRATES FALCONERS CLUB
www.emiratesfalconersclub.com
　現在は該当ページなし。
　www.uaefalconer.com/ に URL が変わったもよう

HAWK AND OWL TRUST
www.hawkandowl.org

HAWKWATCH INTERNATIONAL
www.hawkwatch.org

INTERNATIONAL ASSOCIATION FOR FALCONRY AND BIRDS OF PREY
www.i-a-f.org/
　現在は該当ページなし。
　www.iaf.org/ に URL が変わったもよう

INTERNATIONAL CENTER FOR BIRDS OF PREY
www.internationalbirdsofprey.org
現在は該当ページなし。
www.icbp.org/ に URL が変わったもよう

INTERNATIONAL FALCONER MAGAZINE
www.intfalconer.com
現在は該当ページなし。関連サイトからのリンクはすべて www.intfalconer.net/ につながるようだが、ここも現在は使われているようすはない。雑誌自体が廃刊になった可能性あり

KODAK BIRDCAM
birdcam.kodak.com
現在は該当ページなし。2008 年のコダックビル大規模改修のおりに巣がタイムズスクエアビルへ移されて、rfalconcam.com/ で同様のライブ映像が提供されている

MARSHALL RADIO TELEMETRY
www.marshallradio.com
marshallradio.com/ に URL が変わったようだが、www ありでも接続はされる

MARTIN JONES FALCONRY EQUIPMENT
www.falconryonline.com
現在 MARTIN JONES FALCONRY FURNITURE という名称になったもよう

NORTH AMERICAN FALCONERS' ASSOCIATION
www.n-a-f-a.org
現在は該当ページなし。www.n-a-f-a.com/ に URL が変わったもよう

NORTHWOODS FALCONRY EQUIPMENT
www.northwoodsfalconry.com
名称が NORTHWOODS FALCONRY に変わり、URL も northwoodsfalconry.com/ に変わったもよう。ただし、www. ありでも接続はされる

THE PEREGRINE FUND
www.peregrinefund.org

RAPTOR RESEARCH CENTER
http://rrc.boisestate.edu
　現在は該当ページなし。
　raptorresearchcenter.boisestate.edu/ に URL が変わったもよう

RAPTOR RESEARCH FOUNDATION
http://biology.boisestate.edu/raptor/
　現在は該当ページなし。
　www.raptorresearchfoundation.org/ に URL が変わったもよう

SANTA CRUZ PREDATORY BIRD RESEARCH GROUP
www2.ucsc.edu/scpbrg

SAVE THE SAKER
www.savethesaker.com
　該当ページはあるが、内容はまったく異なるので、すでに使われていないもよう

WINGSPAN BIRD OF PREY TRUST, NEW ZEALAND
www.wingspan.co.nz
　名称が WINGSPAN BIRD OF PREY CENTRE に変わったもよう

WORLD WORKING GROUP ON BIRDS OF PREY AND OWLS
http://www.raptors-international.de

訳者略歴

上智大学法学部国際関係法学科卒業、翻訳家。
訳書に、グライムズ『希望のヴァイオリン——ホロコーストを生き抜いた演奏家たち』（白水社）、ウィンドロウ『マンブル、ぼくの肩が好きなフクロウ』、グレアム『ぼくは原始人になった』（以上、河出書房新社）、シャピロ『マンモスのつくりかた——絶滅生物がクローンでよみがえる』（筑摩書房）など。

ハヤブサ　その歴史・文化・生態

二〇一七年四月二五日　印刷
二〇一七年五月一〇日　発行

著　者　ヘレン・マクドナルド
訳　者 © 宇丹貴代実（うたんきよみ）
発行者　及川直志
印刷・製本　図書印刷株式会社
発行所　株式会社白水社

東京都千代田区神田小川町三の二四
電話　営業部〇三（三二九一）七八一一
　　　編集部〇三（三二九一）七八二一
振替　〇〇一九〇-五-三三二二八
郵便番号　一〇一-〇〇五二
http://www.hakusuisha.co.jp
乱丁・落丁本は、送料小社負担にてお取り替えいたします。

ISBN978-4-560-09543-0
Printed in Japan